Mein erstes Elektroauto 2.0

Zu mir

Als Technischer Redakteur verfasse ich beruflich seit über 28 Jahren technische Literatur für namhafte Konzerne unter anderem aus der Maschinenbau- und Automobilindustrie.

Ich fahre bereits viele tausend Kilometer rein elektrisch.

Zur Aktualität

Irgendwann muss man einen Redaktionsschluss machen, damit ein Werk auch einmal fertig wird. In diesem Fall ist es der Juni 2020, vor allem wegen des angekündigten Konjunkturpakets.

Mein ursprünglicher Plan, signifikante Neuerungen auf meiner Internetseite zum Buch als Blog o.ä. zu ergänzen, erwies sich aufgrund der wachsenden Dynamik als wenig praktikabel.

Daher entschloss ich mich, nun doch ein Update des 1. Buchs von 2017 zu schreiben: Mein erstes Elektroauto 2.0.

Nähere Informationen hierzu finden Sie im „Vorwort zur neuen Ausgabe".

Nun wünsche ich Ihnen viel Vergnügen und viele neue Erkenntnisse.

Ihr Ernst Luthmann

Ernst Luthmann

Mein erstes Elektroauto 2.0

Praktischer Ratgeber für Einsteiger.

Bibliografische Information der Deutschen Nationalbibliothek:
Die Deutsche Nationalbibliothek verzeichnet diese Publikation in der
Deutschen Nationalbibliografie; detaillierte bibliografische Daten sind
im Internet über http://dnb.dnb.de abrufbar.

© 2020 Ernst Luthmann

Fotos, Illustrationen, Grafiken, Diagramme: Ernst Luthmann (ELu)
Umschlag, Layout & Satz: Ernst Luthmann
Titelbild & Pictogramme: Adobe Stock

Herstellung und Verlag: BoD – Books on Demand, Norderstedt
ISBN: 978-3-7519-7070-9

Inhalt

1 Einleitung

1.1 Grußwort von Kurt Sigl, Präsident Bundesverband eMobilität e.V. (BEM)

Sehr geehrte Damen und Herren, liebe eMobilitäts-Interessierte,

gesagt wird es häufig: Der Elektromobilität gehört die Zukunft. Getan hingegen wird aktuell immer noch viel zu wenig. Elektroautos sind weiterhin kaum präsent auf deutschen Straßen. Wir müssen uns ernsthaft fragen, was Länder wie beispielsweise Norwegen anders machen und von deren Vorbild lernen. Denn von Marktanteilen von fast 30 Prozent bei der Neuwagenzulassung können wir hierzulande nur träumen. Den zahlreichen Ankündigungen der letzten Jahre seitens der Politik, aber auch der Energieversorger und insbesondere der Automobilhersteller sind leider nur selten auch wirklich nachhaltig Taten gefolgt.

Der fehlende Wille der deutschen Autoindustrie, sich auf eine neue Technologie, wie die Elektromobilität, wirklich einzulassen und das hartnäckige Festhalten an Altbekanntem haben die Entwicklung in Deutschland wesentlich ausgebremst. So hart es für eine Automobilnation wie Deutschland auch klingen mag: die deutschen Automobilhersteller haben den Technologiewandel verschlafen.

Ein wichtiger Impuls seitens der Automobilhersteller wäre die richtige Schulung ihrer Autoverkäufer, denn die verschrecken mit ihrem Halbwissen und ihrer Ablehnung von Elektromobilität potentiell interessierte Elektroauto-Käufer. Wir haben das mehrfach getestet. Wenn Sie aktuell in ein Autohaus gehen und explizit nach einem Elektroauto fragen, werden Sie erschrocken angeschaut. Ein Elektroauto? Warum wollen Sie sich das denn antun?! Und im nächsten Atemzug haben Sie das Angebot eines Verbrenners inklusive sattem Rabatt in der Hand. So verkauft sich natürlich auch das Elektroauto zum wettbewerbsfähigen Preis nicht.

Einer aktuellen Studie* zu Folge sollte die Reichweite von Elektroautos bei mindestens 301 bis 500 Kilometern liegen. Ab diesem Wert steige die geäußerte Kaufbereitschaft bei den Befragten auf über 70 Prozent. Das belegt ganz eindeutig, dass die Reichweitenangst als Gegenargument zur Elektromobilität erfolgreich zur weiteren Verzögerung der Mobilitätswende beigetragen hat, obwohl unterschiedliche Untersuchungen im europäischen Raum alle zu dem Ergebnis kommen, dass 80 % aller Fahrten unter 50 Kilometern täglich liegen. Zudem lassen sich annähernd 12 Millionen Zweitwagen in ihrer Reichweite ja wunderbar mit dem Erstfahrzeug kompensieren. Zudem ist vielen Verbrauchern offensichtlich immer noch nicht bewusst, dass bereits eine Reihe von Modellen diese Anforderung erfüllt. Ein eindeutiges Indiz dafür, dass der Erfolg der Neuen Mobilität vor allem mit der richtigen Kommunikationsstrategie zu tun hat. Entsprechend hoch sind diesbezüglich die Anforderungen an die Automobilhersteller. Hier ist aktuell noch sehr viel Luft nach oben.

Ernst Luthmann schließt mit seinem Buch genau diese Informationslücke und bietet damit einen praktischen Ratgeber für alle, die sich gerne ein Elektroauto anschaffen möchten, sich aber (noch) nicht trauen.

Ich wünsche Ihnen viel Spaß bei der Lektüre.

Ihr Kurt Sigl

* Ergebnisse des Reports „E-Mobility – vom Ladenhüter zum Erfolgsmodell" des internationalen Marktforschers YouGov in Zusammenarbeit mit dem Center of Automotive Management (CAM).

1.2 Warum dieses Buch

Nicht zuletzt wegen der jüngsten Umweltskandale bei Verbrennungsfahrzeugen rückt die Elektromobilität immer stärker in den öffentlichen Fokus. Elektroautos werden zunehmend als Teil einer klimaschonenden Mobilität der Zukunft begriffen.

Auch ich bin zu dem Entschluss gekommen, dass ein Elektroauto eigentlich prima zu mir passen könnte. Doch dann ging es los: wie finde ich denn aus dem inzwischen doch ansehnlichen Angebot das Richtige für meine Bedürfnisse?

Also musste ich mir erstmal einen fundierten Überblick über das Thema Elektroauto und was alles dazugehört verschaffen. Das entpuppte sich jedoch als schwieriger und komplexer als erwartet.

Es gibt mittlerweile eine ganze Reihe von verschiedenen Informationen zum Thema Elektroauto - vor allem im Internet. Das ist auf der einen Seite gut so, aber das Problem ist: Wo und wie finde ich die Information, die mir gerade wichtig ist? Aus eigenener Erfahrung weiß ich, dass die Suche nach der geeigneten Information zuweilen einer Sisyphusarbeit gleicht. Denn es gibt kaum Internetseiten oder andere Publikationen, in denen man geblockt und strukturiert die Informationen findet, die man gerade sucht. Oft findet man sich auf Internetseiten von Firmen wieder, die natürlich ihre Produkte bewerben wollen und die technischen Eigenschaften positiv darstellen. Wichtige Informationen, die diesem Zweck nicht zuträglich sind, werden, sagen wir mal, nicht so in den Vordergrund gesetzt. Aufgrund dieses Dilemmas haben sich dankenswerterweise inzwischen viele privat organisierte Blogs und User-Foren gebildet.

Wer aber in einem Blog oder Forum eine bestimmte Info sucht, ist meist gezwungen diese aus vielen Kategorien, Fragen und Antwortversuchen herauszufiltern. Es gibt einfach nach wie vor ein Defizit an umfassender, gezielter, und vor allem relevanter Information, die auch Zusammenhänge herstellt.

Also zum Beispiel:

- ✐ Welchen Kriterien sind wirklich wichtig für die Auswahl (m)eines Elektroautos?
- ✐ Welche Ladesysteme und Steckertypen gibt es und was sind die gravierenden Unterschiede?
- ✐ Wie ist die Verbreitung der Ladesysteme vor allem in Deutschland?
- ✐ Was ist der Unterschied zwischen Wechselstrom- und Gleichstromladung?
- ✐ Welche Ladesysteme eignen sich am besten für die Installation zu Hause?
- ✐ Welche Kosten entstehen zusätzlich zum Elektroauto für die eigene Ladestation?
- ✐ u.v.m.

All diese Fragen sollen in diesem Buch beantwortet werden und Ihnen als Entscheidungshilfe für die Auswahl des Elektroautos dienen, das Ihren Bedürfnissen am besten entspricht.

1.3 Für wen dieses Buch gedacht ist

Dieses Buch richtet sich an alle, die eigentlich schon gerne einen „Stromer" hätten. Sich aber noch nicht trauen, weil man so viel Verschiedenes hört, durch die vielen Meinungen und Abers in seiner Entscheidung verunsichert ist und nicht wirklich gut einzuschätzen weiß, was wirklich Sache ist.

Die Zielgruppe dieses Buchs soll der vielbeschworene „Normalverdiener" sein, der sich durchaus z.B. einen Wagen aus der Golfklasse leistet, aber nicht bereit ist, sich für die Teilnahme an der umweltfreundlichen Technik über alle Maßen zu verschulden.

Daher spielen Luxusfahrzeuge wie Tesla S/X, Jaguar iPace usw., hier nur eine untergeordnete Rolle.

Heutzutage gibt es bereits eine ganze Reihe Elektroautos, die zur beschriebenen Zielgruppe passen.

Wobei es in diesem Buch weniger um den direkten Vergleich einzelner Fahrzeuge mit all seinen Facetten geht, sondern vielmehr um die generellen Eigenschaften von Elektroautos im Unterschied zu den gewohnten Verbrennern. Sie erhalten einen Kriterienkatalog, der Ihnen die Entscheidung erleichtern soll.

Ein Schwerpunkt dieses Buchs ist die vergleichende Darstellung der verschiedenen (Lade)Systeme (ähnlich wie man Benziner mit Dieselfahrzeugen vergleicht). Wieso? Weil die Ladetechnik maßgeblich darüber bestimmt, ob und welches Elektroauto für Ihre Bedürfnisse am besten geeignet ist. Und weil ausgerechnet dieses zentrale Thema bislang aus meiner Sicht viel zu oberflächlich und stiefmütterlich behandelt wird.

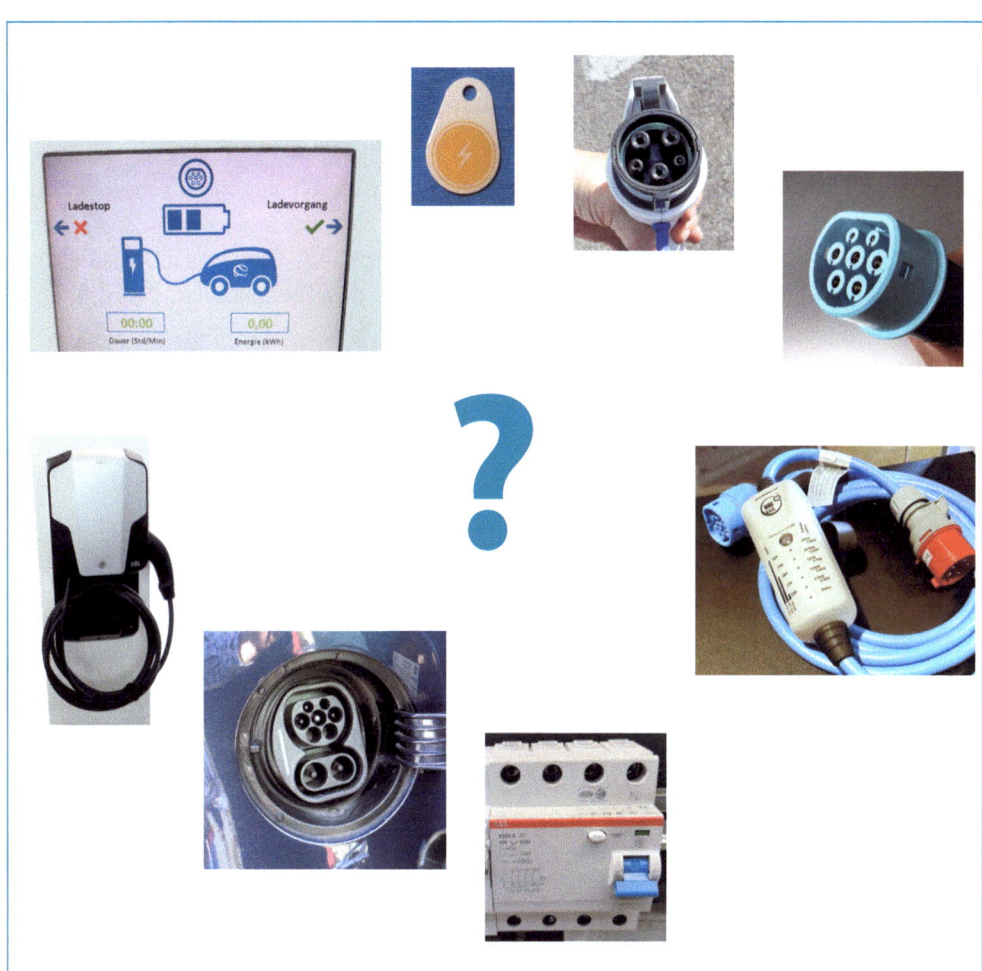

Bild 1: Viele offene Fragen

1.4 Vorwort zur neuen Ausgabe

Der ursprüngliche Plan des Buches war ein Grundlagenwerk zu schaffen, das eine längere Zeit Bestand hat.

Sollte es im Laufe der Zeit signifikante Neuerungen geben, wollte ich diese auf meiner Internetseite zum Buch als Blog o.ä. ergänzen. Das entpuppte sich als wenig praktikabel. Und was ich zusätzlich unterschätzt habe ist die Dynamik des Themas Elektromobilität. In den letzten 3 Jahren (!) seit der Erstveröffentlichung 2017 ist eine Menge passiert, so dass viele Teile des Buchs ein „Update" verlangen. Das Update ist gekennzeichnet mit dem schön knappen, eingebürgerten „2.0".

Als Beispiele seien hier kurz angerissen:

- Die Modellpaletten auch im hier bevorzugt behandelten Bereich der Mittelklasse-, Klein- und Kleinstwagen sind geradezu explodiert (z.B. VW ID3, Peugeot e208, Opel Corsa-e, Honda e, VW e-Up mit den Geschwistern Seat mii electric, Skoda Citygo e iV um nur einige zu nennen).
- Man sieht an der vorangegangenen Aufzählung, dass inzwischen viele Hersteller in den E-Mobil-Markt stoßen, die sich bislang zurückgehalten haben.
- Ähnliches gilt für Hersteller von Ladetechnik/Wallboxen: eine schier unübersichtliche Palette an neuen oder verbesserten Produkten drängen auf den Markt.
- Es gibt zu vielen, bereits etablierten Fahrzeugen auf dem Markt neue Generationen, die es schaffen, bei fast gleichem Bauraum und physischer Batteriegröße die Kapazitäten und damit Reichweiten zu verdoppeln oder gar zu verdreifachen (z.B. VW e-Up, neue ZOE Gen. 2, usw.). Dabei sind die Preise konstant geblieben oder gar gesunken...
- Ich finde es einen bemerkenswerten Fortschritt, dass bei fast gleichem Einsatz an Material/Rohstoffen solch eine Steigerung in kurzer Zeit möglich ist. Umgekehrt formuliert: Im Verhältnis zur Kapazität sinkt also der Recourcenverbrauch enorm.
- Sogar der Staat treibt mit einer höheren Prämie als bislang den E-Mobil-Markt an. Auch wenn es leider lange nur eine Absichtserklärung war und dadurch viele potenzielle Käufer zum

Aufschub ihrer Entscheidung bewegt hat: es steht nun immerhin fest, das rückwirkend neue Zulassungen ab 4.11.2019 die höhere Prämie erhalten sollen.

Und laut Konjunkturpaket wegen Corona legt die Regierung sogar noch deutlich nach. Details dazu siehe im entsprechenden Kapitel.

✒ Entsprechend gehen die Verkaufszahlen für E-Autos immer steiler nach oben und sie werden sicher noch weit höher.

Ich könnte hier noch weiter aufzählen, doch ich finde es reicht, um (mir) klar zu machen, dass viele Angaben in der bisherigen Auflage dieses Buchs nicht mehr up to date sind. Das will ich nun im Rahmen dieser Neuauflage ändern.

Übrigens: eigentlich wollte ich alle neuen Passagen mit einem „NEU"-Fähnchen hervorheben, doch nachdem ich gemerkt habe, dass fast alle Stellen anzupassen oder zu aktualisieren sind, verzichte ich lieber auf den Fähnchenwald...

Und Ihnen wünsche ich aktuelle Erkenntnisse und eine gute Basis zur Entscheidung für Ihr erstes Elektroauto.

2 Entscheidungskriterien

2.1 Zunächst: Passt ein Elektroauto überhaupt zu mir?

2.1.1 Die Frage aller Fragen: Reicht mir die Reichweite?

Hierzu möchte ich mit einem Fallbeispiel beginnen, das sich möglicherweise vielfach in den Familien so oder so ähnlich abspielen könnte.

Wer: Eine normale Durchschnittsfamilie aus einer größeren Stadt in Bayern, allerdings mit recht hohem Umweltbewusstsein und einem Einkommen, bei dem man regelmäßig etwas auf die hohe Kante legen kann und auch einen Autokredit abbezahlen kann. So wie bisher auch immer. Das eigene (Verbrennungs)Auto ist schon in die Jahre gekommen, und es wird mal Zeit für ein neues. In der Werbung gibt es laufend die tollsten Angebote. Eines ist schicker als das andere - „das hat aber eine tolle Farbe" und so weiter.

Dann kommt ein neuer Vorschlag: „Du, neulich habe ich einen kleinen Flitzer gesehen, der kam um die Ecke gezischt und man hat fast nichts gehört. Echt beeindruckend. Außerdem habe ich gelesen, dass man doch jetzt auch eine Prämie für solch ein Elektroauto bekommt. Wäre das nicht auch was für uns?"

Antwort: „Ein Elektroauto? Wie sollen wir damit denn mal spontan nach Italien fahren bei den kleinen Reichweiten, was man so hört ...!?" Oder so ähnlich.

Es ist schon komisch: Sobald das Thema Elektroauto aufkommt, wollen alle ganz plötzlich ganz weit weg fahren. Und zwar mit dem eigenen Auto. Obwohl man die letzten Jahre gar nicht in Italien war, sondern irgendwohin in den Urlaub geflogen ist. Die Verwandtschaft in Hamburg hat man letztes Jahr ein Mal mit dem Zug besucht. Ist ja auch viel entspannter und am Ziel haben die ja ein ganz tolles Nahverkehrssystem ...

Was will das Beispiel sagen: Prüfen Sie ganz ehrlich den echten, regelmäßigen Bedarf.

2.1.2 Umdenken hin zu einem neuen Mobilitätskonzept

Die Frage ist doch: Hält die althergebrachte und tradierte Vorstellung, dass das eigene Auto eine eierlegende Wollmilchsau sein soll, überhaupt noch der mobilen Realität stand?

Oder anders gefragt, muss das eigene Auto wirklich das alles können:

- Es soll mich zur Arbeit bringen.
- Es soll mich zum Shoppen in die Stadt bringen.
- Es soll meine Kinder in den Kindergarten oder in die Schule bringen können.
- Es soll jederzeit und spontan für weite Reisen mit der ganzen Familie bereit sein.
- Es soll möglichst viel Platz bieten, um auch mittlere Möbeleinkäufe transportieren zu können.
- Es soll möglichst geländegängig sein, für den häufigen (?) Ausflug auf unbefestigten Wegen (wie in der Werbung für SUVs gerne dargestellt).
- Dann soll es natürlich entsprechend viele PS und am besten einen 4-Rad-Antrieb haben, damit man auch mal ordentlich Gas geben und die Berge erklimmen kann.
- Aber es soll bei allem auch noch sparsam im Verbrauch sein.
- Und möglichst umweltfreundlich darf es auch sein.

Die Aufzählung ist zugegeben schon ein wenig tendenziös formuliert. Es ist aber als Versuch gedacht, die scheinbar selbstverständlichen Vorstellungen zu hinterfragen und eingefahrene Denkmuster aufzubrechen.

Denn wenn man daran festhält, dass das eigene Auto möglichst alles können muss, macht man es sich mit der Suche und Entscheidung für ein Elektroauto unnötig schwer.

Und das ist schade, denn ich behaupte mal, dass auch heute schon nahezu in jedem Haushalt mit 2 Autos (und das dürften nicht wenige sein) eins davon ein Elektroauto sein könnte.

Wäre es nicht sinnvoller und umweltschonender, wenn man das eigene Auto nach dem überwiegenden Mobilitätsbedarf auswählt und den zusätzlichen Bedarf über andere Transportmittel ergänzt, also sozusagen ein Mobilitäts-Netzwerk bildet?

Dann würde sich die psychologische Angst-Barriere, dass das Elektroauto zu wenig Reichweite hat und auch sonst nicht alles kann, schnell auflösen.

Bild 2: Mobilität der Zukunft

WLTP löst NEFZ ab

In der Regel gaben die Autohersteller in den Verkaufsprospekten und in sonstiger Werbung die Reichweite bei Elektroautos bzw. Treibstoffverbrauch bei Verbrennern nach NEFZ (Neuer Europäischer FahrZyklus) an. Es ist allgemein bekannt, dass der NEFZ und die erlaubten Testbedingungen (wie z.B. zugeklebte Ritzen, keine Heizung oder Klimaanlage u.v.m.) mit der Realität wenig gemein hatten.

Auch der Gesetzgeber hat dies erkannt und legte den erweiterten und realitätsnäheren Test WLTP (Worldwide harmonized Light vehicle Test Procedure) ab Ende 2017 für die Typ-Zulassung und ab Anfang 2019 als Verbraucherinformation Europaweit verbindlich fest.

Der WLTP legt zwar etwas härtere Kriterien an, ist aber dennoch ebenfalls nur eine Simulation auf dem Rollenprüfstand. Es sollte einem immer bewusst sein, dass auf diese Weise nie alle relevanten Kriterien geprüft werden können und somit nur einen mehr oder weniger realitätsnahen Vergleichswert bieten.

Das wissen natürlich auch die Hersteller und man findet die Wahrheit meist im Kleingedruckten, das einleitend so klingt: „Verbrauch und reale Reichweite ist abhängig von vielen Faktoren: Fahrweise, Geschwindigkeit, Topografie, Jahreszeit, Temperatur etc ....".

Dennoch kann man sich an den Angaben nach WLTP deutlich besser orientieren, was auch reale Tests untermauern (siehe div. Verbauchstests auf youtube).

Reichweite selbst berechnen

Alternativ kann man die Reichweite auch selbst berechnen. Dies hilft die Reichweitenangaben zu prüfen, oder die Reichweite anhand des angezeigten Verbrauchs im Fahrzeug abzuschätzen. Dazu braucht man zwei Werte: die Akkukapazität in kWh und den durchschnittlichen Verbrauch in kWh/100 km, die oft in den Verkaufsprospekten angegeben werden.

Reichweite berechnen

Akkukapazität (kWh) ÷ Verbrauch (kWh/100 km) =

Reichweite (n x 100 km)

Berechnungsbeispiel

22 kWh ÷ 14,6 kWh/100 km = 1,5 x 100 km = **150 km Reichweite**

Das ist schon viel näher an der Realität, als die 240 km nach NEFZ...

Persönliches Beispiel damals (gedacht/real) und jetzt

Auch ich hatte zunächst viele Bedenken, doch die Neugierde und das Interesse an der jungen, umweltfreundlichen Technologie trieb mich dazu, mich intensiver mit dem Thema zu beschäftigen. Nach Prüfung aller hier aufgeführten Fragen kaufte ich ein Elektroauto, da es für meinen Mobilitätsbedarf meist völlig ausreicht.

Es hat eine realistische Reichweite von ca. 150 km. Überwiegend brauche, bzw. möchte ich das Auto für den Weg zur Arbeit, für Abstecher zum Einkaufen etc. Pro Tag kommen da realistisch selten mehr als 60 km zusammen (wie nach div. Untersuchungen bei den meisten Haushalten der Fall).

Also kann ich alles problemlos erreichen und brauche nicht jeden Tag bzw. Abend laden.

Nur einige Monate später kam der gleiche Wagen mit doppelter Reichweite, also mit 300 km, auf den Markt.

Dass ich mich im ersten Moment geärgert habe, ist wohl verständlich. Hätte ich nicht doch noch warten sollen? Viele Anzeichen sprechen doch dafür, dass es in ein, zwei Jahren erneut raufgeht mit der Kapazität ...

Jeder, der sich irgendein technisches Gerät neu zulegt, kennt das Dilemma: Was heute aktuell ist, ist morgen schon veraltet.

Doch den Bedarf habe ich ja nicht erst in ein oder zwei Jahren, sondern jetzt. Also ruhig Blut und cool nachgedacht:

Was würde mir denn die doppelte Reichweite bringen? Mein ständiger Bedarf hat sich dadurch ja nicht geändert. Der Unterschied wäre in erster Linie, dass ich noch seltener laden müsste. Da meine Frau aber zu Recht anmahnt, dass es doch sinnvoll wäre, wenn das Auto stets vollgeladen wäre, um bei unvorhersehbaren Ereignissen oder im Notfall auch eine weitere Fahrt machen zu können, lade ich das Auto meist ohnehin jeden Abend an meiner Wallbox in der Tiefgarage voll.

Außerdem stellte sich heraus, dass man das Mehr an Reichweite auch nicht umsonst bekommt. Ein Aufpreis von ca. 3.500,- € wäre fällig gewesen. Beim ursprünglichen Autopreis um die 25.000,- € klingt das zunächst gar nicht mal so viel.

Aber für 3500,- € bekommt man eine ganze Menge Reichweite woanders: nämlich zum Beispiel einen Leihwagen der Golfklasse für mindestens 100 Tage. Damit könnte man ein ganzes Jahr jedes Wochenende Ausflüge jenseits von 500 km machen. Da wir und wohl auch kaum sonst jemand jedes Wochenende so lange Ausflüge machen, reicht es wahrscheinlich sogar für mehrere Jahre. Und zwar für Reichweite ohne Ladepause.

Denn 300 km sind wirklich toll und für viele, die regelmäßig längere Strecken in diesem Radius fahren (z.B. Pendler) sinnvoll. Jedoch der bereits angesprochene Ausflug von 500 km bedeutet beim Elektroauto mit 300 km Reichweite in diesem Fall eine Ladepause von ca. 2 Stunden. Ein größerer Akku braucht je nach Ladesystem auch länger zum Laden.

Vielleicht denken Sie jetzt: ein Leihwagen? Und auch noch ein Verbrenner? Ist das nicht ein Widerspruch zum Öko-Gedanken der Elektromobilität?

Darauf kann ich nur sagen: dieser Entweder-Oder-Gedanke ist ökologisch nicht hilfreich. Andersherum gefragt, was ist ökologisch besser: sofort 90 % der Fahrten, die bislang mit einem Verbrenner gemacht wurden, durch ein Elektrofahrzeug zu ersetzen, oder noch jahrelang auf E-Fahrzeuge zu warten, die vielleicht noch größer, noch weiter etc. können und bis dahin munter 100 % Benzin und Diesel zu verbrennen?

Wem es widerstrebt, sich einen Verbrenner zu leihen, kann auch auf eine immer größer werdende Miet-Flotte an Elektroautos zurückgreifen.

Natürlich ist der Leihwagen als Langstrecken-Alternative auch nur ein Beispiel - obgleich bewusst gewählt, um nach möglichst vielen Seiten offen zu bleiben - niemand, der sich an ein Elektroauto heranwagt, sollte ein schlechtes Gewissen haben müssen, wenn er ab und zu auf einen Verbrenner zugreift.

Und es gibt ja auch noch andere Möglichkeiten: Reisen mit der Bahn, dem Fernbus usw., die ein wunderbar entspanntes Fahren in die Ferne bieten.

Fazit: mein Elektroauto mit 150 km Reichweite reicht für meinen Bedarf völlig aus und das gesparte Geld kann ich lange in viele verschiedene Langstrecken-Alternativen investieren. In unserem Haushalt steht aber idealerweise noch ein zweiter Wagen (Benziner) zur Verfügung. Reichweite ist somit ohnehin kein Thema mehr.

Soweit meine Ausführungen 2017.

Haben sich meine Annahmen bestätigt?

Kurz und knapp: Ja. In den letzten 3 Jahren bin ich zu über 90 % elektrisch in die Arbeit gependelt. Es gab aber auch einige Ausflüge über die Reichweite hinaus. Mindestens eine Zwischenladung war nötig. Doch das führte zu manch positiver Überraschung:

Wir entdeckten auf diese Weise fürs Zwischenladen manche Orte, die wir sonst nie als Ziel auserkoren hätten - und in die wir uns sogleich verliebten. Wie heißt es so treffend: der Weg ist das Ziel. Für Elektromobilisten bekommt das eine ganz neue Dimension.

Es gab nur ca. sechs Fahrten über 600 km. Vier davon mit unserem kleinen Verbrenner und zwei mal habe ich das Angebot des Herstellers genutzt, einen etwas größeren Leihwagen zu mieten.

Summa summarum kann ich rückblickend sagen: die Rechnung ging vollständig auf, und ich bin froh, die Entscheidung damals so getroffen zu haben, wie oben beschrieben.

Und jetzt?

Jetzt haben sich die Rahmenbedingungen geändert. Zum einen kommt unser Verbrenner in die Jahre, was zu häufigeren Ausfällen und somit zu mehr Reparaturen und Wartungsaufwand führt (an einem Verbrenner kann ja insbesondere motorseitig im Vergleich zum Elektroauto viel mehr kaputt gehen...!). Zudem ist meine Frau inzwischen Rentnerin und somit entfällt der Bedarf eines zweiten Autos für den Arbeitsweg.

Eine Entscheidung für ein neues Auto, das zu unseren zukünftigen Mobilitätsbedürfnissen passt und einen Zweitwagen überflüssig macht, lag in der Luft.

Was klar war: es kam nur ein Elektroauto in Frage. Es sollte lediglich etwas mehr Reichweite haben als bisher, um als unser einziges Fahrzeug auch Reisen ohne viele Ladestopps zu ermöglichen und somit das Leihen eines Verbrenners überflüssig zu machen.

Die Entscheidung wurde uns leicht gemacht: denn wie bereits im Vorwort zu dieser Auflage erwähnt, haben sich die Reichweiten der aktuellen Modelle in den letzten 3 Jahren mehr als verdoppelt! Und das bei nahezu gleichgebliebenen Preisen. Der aktuell erhöhte Umweltbonus und in diesem Zusammenhang gute Angebote für Neuwagen sowie Inzahlungnahme gaben den letzten Anstoß: zu unserem neuen Elektroauto!

Jetzt meine ich erst recht: Elektromobilität könnte schon heute sein. Und nicht erst die Zukunft.

Dies gilt nach wie vor für alle, die noch zwei Verbrenner in der Garage haben. Ich bin überzeugt davon, dass jeder Zweitwagen durch ein Elektroauto ersetzt werden könnte.

Und die Argumente für einen (Zweit)verbrenner werden immer dünner ...

Wie finde ich heraus, ob die Reichweite wirklich ein Problem ist, oder anders gefragt: wofür brauche ich das Auto regelmäßig wirklich?

(Aktualisiert Mitte 2020)

1. Mindestens einen Monat Buch über die tägliche Fahrstrecke führen, indem man den Tageskilometerzähler nutzt.

2. Auch die Standzeiten protokollieren: wann und wo steht das Auto wie lange (am Arbeitsplatz, in der Garage, beim Einkauf etc.)?

3. Prüfen, wie oft man längere Strecken (ab ca. 400 km) gefahren ist und wohin?

4. Wann ist der nächste längere Ausflug tatsächlich geplant (weil man vielleicht schon Eintrittskarten hat) und wie oft kommt es vor?

5. Ist noch ein zweites Auto mit Verbrennungsmotor vorhanden?

6. Welche anderen Verkehrsmittel stehen alternativ für Langstrecken zur Verfügung (Bahn, Fernbus, Flugzeug, Leihwagen, Car-Sharing etc.)?

Tab. 1: Ausfüllvorlage und Auswertung der Fragen zur
Reichweite in der blauen Box
(Aktualisiert Mitte 2020)

Kriterien	Meine Antworten/Werte	Kein Problem	Kommt darauf an	Eher schlecht
1. Fahrstrecke täglich (hin und zurück)		• Bis 100 km bei Kleinstwagen • Bis 250 km ab aktueller Kompaktklasse		> 300 km
2. Standzeit Garage (oder Lademöglichkeit Garage)		Über Nacht, bei eigener Ladestation	Kürzere Zeit nötig, z.B. wegen Noteinsatz – mit Schnellladung ok	Keine Garage oder Stellplatz in Tiefgarage
Standzeit Arbeit (oder Lademöglichkeit in Arbeit)		Lademöglichkeit vorhanden	Nein, aber alternative Lademöglichkeit daheim	
Standzeit Einkauf		Ca. 1 Std. + Lademöglichkeit		
3. Strecke > 400 km		2-6 x /Jahr mit Schnellladegelegenheit		
4. Ausflug		2-6 x mit Schnellladegelegenheit		
5. Zweitwagen		• Ja = kein Problem • Nein = auch kein Problem, wenn überwiegend im Rahmen der Reichweite genutzt		
6. Andere Verkehrsmittel möglich		Ja	Ja, aber ungern	Nein (wirklich?)

2.2 Persönliche Auswahlkriterien

2.2.1 Persönliche Lebensweise und Fahrstil

Wieso sollen das Kriterien für die Auswahl eines Elektroautos sein?

Mit **Lebensweise** meine ich hier in erster Linie: ist man **technik-affin** oder eher nicht.

Für Elektroautos gut geeignet sind Leute, die

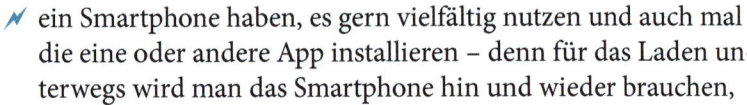

- ✎ ein Smartphone haben, es gern vielfältig nutzen und auch mal die eine oder andere App installieren – denn für das Laden unterwegs wird man das Smartphone hin und wieder brauchen,

- ✎ sich gerne mit neuer Technik auseinandersetzen, wie Navi-Ziele programmieren, HD-Recording, Smart-TV, eBooks auf Tablet lesen etc. Denn das Elektroauto hat viele Zusatzoptionen, die oft über Touch-Screens bedient werden. Es findet Ladestationen über die integrierte Navi und bietet viele Anzeigen und Statistiken, die im herkömmlichen Auto nicht zu finden sind,

- ✎ gern im Internet surfen und sich dort Infos holen, shoppen etc. – denn zur Planung von Routen, Suche nach Ladestationen, Anmelden bei Anbietern für Ladestrom und Bestellen von Ladekarten ist man aufs Internet angewiesen,

- ✎ kurz gesagt moderner Technik gegenüber offen sind und diese gerne nutzen.

Die anderen, die das alles für modernen Schnickschnack halten, den man nicht braucht, dürften es schwer haben.

Kommen wir zum **Fahrstil**:

Elektroauto heißt auch: Bleifuß auf der Autobahn adé. Denn die meisten Elektroautos sind bei einer für Schnellfahrer doch sehr moderaten Geschwindigkeit abgeregelt.

Das tut aber ganz gut. Man entdeckt, dass man auch ungestresst ankommen kann und dabei trotzdem kaum Zeit verliert.

Der zweite Punkt ist: energiesparende Fahrweise bekommt

eine zentrale Bedeutung. Leute, die ohnehin eine Sprit sparende Fahrweise haben und darauf auch Wert legen, tun sich hier leichter. Während man beim Verbrenner erst an der Tankstelle erfährt, wie viel man wirklich verbraucht hat (die „Verbrauchsanzeigen" in einigen Autos liefern nur Tendenzen), bekommt man beim Elektroauto ein viel früheres und direkteres Feedback über den tatsächlichen Stromverbrauch und die damit verbundene Restreichweite. Viele entwickeln sogar einen gewissen Ehrgeiz, möglichst sparsam zu sein, und treten mit anderen Usern sogar in Wettbewerbe ein. So weit muss man wohl nicht gehen, aber man merkt gleich, dass die Autobahn der reinste Energiefresser ist und die Landstraße ein neuer Freund werden kann.

Die gute Nachricht für die flotten Fahrer: auf eine zügige Fahrweise muss man dennoch nicht verzichten. Im Gegenteil: mit dem enormen Durchzug von 0 auf gleich lässt man beim Beschleunigen z.B. an der Ampel jeden Sportverbrenner stehen.

Also Fahrspaß trotzdem garantiert.

2.2.2 Der ökologischer Aspekt

Für viele steht der Gedanke, durch Fahren eines Autos mit emmisionsfreiem Antrieb etwas für die Umwelt zu tun, an oberster Stelle.

Befeuert wird dieser Gedanke aktuell durch den jüngsten, sogenannten „**Dieselskandal**". Wobei der „Skandal" in diesem Fall darin bestehen soll, dass die Dieselautos mehr Stickoxide rausblasen, als in den Fahrzeugpapieren steht. Offenbar wurden lediglich die Fahrzeugpapiere an neue gesetzlichen Vorgaben angepasst. Die Fahrzeugtechnik aber nicht.

Es ist schon komisch: vor einigen Jahren war der Diesel noch als guter und immer umweltfreundlicher werdender Antrieb beworben worden, was sich in den stetig wachsenden Verkaufszahlen niederschlug. Damals gab es noch niedrigere Vorgaben, so dass man leicht eine grüne Plakette bekam und das Umweltgewissen war im Reinen. So auch bei mir mit meinem früheren Diesel der Kompaktklasse.

Der Diesel passt prima zu größeren Fahrzeugen und so wurden sie immer größer und wuchtiger: Stichwort SUV.
Natürlich mit immer leistungsstärkeren Motoren und entsprechend höheren Abgaswerten.

Die realen Abgase waren also bis zum „Dieselskandal" kein Grund zur Ablehnung von Dieselfahrzeugen. Sie waren eigentlich ein Renner. Warum sollte die Autoindustrie in echte Verringerung der Abgase investieren, wenn sich die Fahrzeuge auch so verkaufen wie geschnitten Brot?

Dass die idealisierte Abgasmessung auf praxisfernen Prüfständen im Labor mit Prototypen erfolgt, statt mit Serienfahrzeugen auf der Straße, ist lange bekannt und wird seit Jahren von verschiedenen Autoexperten und Automobilclubs kritisiert. Für die Autohersteller ist das aber sehr praktisch und die Autoindustrie-Lobby ist hierzulande ja bekanntermaßen sehr stark ...

Das ist doch der eigentliche Skandal, wenn man es schon so nennen will: Die Autoindustrie macht viel zu wenig, um die realen Abgase zu reduzieren.Und warum? Weil es für ein erfolgreiches Geschäft nicht nötig ist.

Aus dem gleichen Grund investiert sie auch viel zu wenig engagiert in die Elektromobilität. Besonders in Deutschland. Der beste Beweis dafür ist, dass praktisch das ganze Elektromobilitäts-Team von BMW ihre (vermeintliche) Sicherheit hier aufgegeben hat und geschlossen zu einem StartUp-E-Mobilunternehmen nach China gewechselt ist. Weil sie sich hier nicht so engagieren durften, wie sie es gekonnt und gewollt hätten. Dann diesen radikalen Schritt zu wagen, verlangt mir jedenfalls großen Respekt und Anerkennung ab.

Nur schade für Deutschlands Anspruch auf den vielbeschworenen „Leitmarkt". So wird das jedenfalls nichts.

Fakt ist doch: ALLE Fahrzeuge, die mit Diesel oder Benzin angetrieben werden, erzeugen schädliche Abgase. Ja, auch die Benziner. Nur weil der Diesel diesmal den schwarzen Peter hat, ist der Benziner nicht sauber. Die Schadstoffklassen (Euro X) geben lediglich den Grad der erlaubten Schädigung an.

Nur weil ein Verbrenner in der aktuell höchsten Schadstoffklasse eingeordnet ist, ist er noch lange nicht „sauber".

Das kann jeder für sich selbst prüfen: stellen Sie sich doch mal 5 Minuten bei laufendem Motor hinter den Auspuff, am besten in der Garage oder bei Windstille draußen. Nein, tun Sie es lieber nicht! Es wird sogar als eine Methode genutzt, sich umzubringen. Das möchte ich natürlich auf keinen Fall. Stellen Sie sich lieber mal hinter ein Elektroauto und genießen die frische Luft.

Wer also mit seinem Auto möglichst umweltfreundlich fahren möchte, kommt am Elektroauto kaum vorbei. Und damit meine ich hier zu 100 % elektrisch angetriebene Autos. (Denn fast alle Hybride sind eigentlich überwiegend Verbrenner mit elektrischem Hilfsantrieb.)

Ich höre schon die typischen Einwände:

1. **Einwand**: Soo umweltfreundlich sind Elektroautos auch wieder nicht, denn auch sie verbrauchen beim Herstellen - vor allem der Batterie - Recourcen und die CO_2-Bilanz sei schlimmer als bei Verbrennern. Befeuert insbesondere durch die sog. „Schwedenstudie" des IVL vom Mai 2017.
   Antwort: Das waren „Argumente", die oft auf Basis veralteter Daten oder Äpfel-Birnen-Vergleiche basierten. Aktuelle, seriöse Studien (ifeu-Institut) belegen den Umweltvorteil von Elektroautos:
   https://www.agora-verkehrswende.de/veroeffentlichungen/ klimabilanz-von-elektroautos/
   Sogar das IVL hat Ende 2019 die „Schwedenstudie" aktualisiert und halbiert praktisch den CO_2-Rucksack von 2017:
   https://www.ivl.se/download/18.14d7b12e- 16e3c5c36271070/1574923989017/C444.pdf
   Und sobald das Auto rollt, sieht die Bilanz ohnehin anders aus. Dann fährt das Elektroauto lokal emissionsfrei und leise.

2. **Einwand**: Beim Erzeugen des Stroms wird auch CO_2 ausgestoßen, der Betrieb ist also auch nicht ohne Emissionen.
   Antwort: Wenn man gewöhnlichen Strommix fährt, dann ja. Aber ein Elektroautofahrer nutzt zum Laden konsequenterweise 100 % Ökostrom ...

Das Aussehen des Elektroautos

Unbestritten ist, dass die Auswahl des eigenen Autos auch eine sehr emotionale und optische Angelegenheit ist.

Design

Nachdem ich die ersten Fotos meines neuen Autos mit Hinweis, dass es ein Elektroauto ist, an Freunde verschickt hatte, war ich auf die Reaktionen gespannt.

Fast durchweg war der erste Satz so oder so ähnlich: „oh, das ist aber ein schönes, schnittiges, etc. Auto ...". Und zwar gleichermaßen von Frauen und Männern. Dieser übereinstimmende Fokus auf den optische Eindruck hat mich dann doch überrascht. Die sogenannten inneren Werte (Elektro) spielten zunächst kaum eine Rolle.

Das zeigt, wie wichtig das Design des Autos für den Erfolg ist. Ich bin sicher, dass auch der Tesla ohne sein ansprechendes Design bei Weitem nicht so erfolgreich wäre.

Farbe

Ein weiterer, wichtiger optischer Reiz ist die Farbe.

Vergleicht man die Farbauswahl von Elektroautos und ähnlichen Verbrennern aus dem gleichen Haus, so konnte man bis vor kurzem erstaunt feststellen, dass ausgerechnet die Elektroautos meist nur eine konservativ orientierte Farbpalette hatten. Es dominierten die (noch) meistgefragten unbunten Farben von Weiß über alle möglichen Grautöne bis Schwarz. Allenfalls mal ein zarter Blauton war dabei.

Inzwischen wurde dieser Mangel offenbar erkannt, und es gibt nun bei nahezu allen Herstellern auch kräftige Farbtöne. Auch freche Bi-Color-Varianten oder gar Sonderfarben auf Wunsch sind heute möglich.

Mein damaliger Wunsch, dass die Hersteller gerade bei den Elektroautos etwas mutiger Trends setzen würden, statt ängstlich an (scheinbaren) Marktforderungen zu kleben, wird zunehmend erfüllt.

Bild 3: 2020: Vorbildliche Präsentation im Autohaus - prominent im Eingangsbereich
(2017: Verbrenner vorn vs. Elektroauto hinten, siehe Einklinkerbild).

Bild 4: 2020: Endlich frische Farbenvielfalt bei Elektroautos statt konservativer Farben
2017 (siehe Einklinkerbild, sogar der Lichtblick in Rot strahlt heute schöner)

Dass viele Elektroautokunden dies begrüßen, zeigt ein abnehmen-
der Trend zum nachträglichen, auffallenden Verkleiden seines
Elektroautos durch individuell gestaltete Folierung (jedenfalls
sieht man solche Perlen wie auf folgendem Bild seltener).

Bild 5: Elektromobiles und mutiges Auffallen durch Folierung

Darf man einem Elektroauto ansehen, dass es ein Elektroauto ist?

Ich meine: auf jeden Fall! Was soll denn das Versteckspiel mancher Autohersteller? Angeblich fördere die Ähnlichkeit oder sogar Gleichheit der Optik die Akzeptanz.

In Wahrheit soll damit nur verschleiert werden, dass diese Elektroautos aus Kostengründen auf denselben Produktionsstraßen auf Basis der gleichen Chassis lediglich mit einem elektrischen Antriebsstrang versehen werden. So baut man mit geringem Aufwand ein Alibi-Elektroauto, das für den Elektroantrieb nicht optimiert ist und versucht es dann auch noch für rund 10.000,- € mehr als das Verbrenner-Pendant (nicht) zu verkaufen. Das mit der Akzeptanz ist somit nur vorgeschoben.

Es gibt ein gutes Gegenbeispiel: der BMW i3. Man mag von dem Design halten, was man will, eins steht fest: es ist trotz oder vielleicht wegen des auffallenden Designs das meistverkaufte Elektroauto eines deutschen Herstellers.

Doch wie meistens bei Geschmacksfragen, gefallen außergewöhnliche Farben und Formen nicht allen. Manche wollen gar nicht auffallen, und das ist natürlich genauso in Ordnung.

2.2.3 Modellauswahl, Größe oder Raumangebot

Entsprechend des eingangs proklamierten neuen Mobilitätskonzepts und der aktuell meistgenutzten mittleren Fahrzeugklasse wären Elektroautos aus dem **Klein- und Kompaktklassenbereich** am praktischsten und sicher am gefragtesten. Das hat offenbar die Autoindustrie endlich erkannt.

Denn erfreulicherweise bieten immer mehr Hersteller Elektromobile in diesem Bereich an (z.B.: VW e-Golf, bald den Nachfolger VW ID.3, BMW i3, Renault ZOE - inzwischen als ZOE2 mit fast bis zu 400 km Reichweite, Hyundai Ioniq, Kia Soul EV, Nissan Leaf, Opel Ampera-e, Opel Corsa-e, Peugeot e-208, Honda e, um nur einige zu nennen). Alle diese Fahrzeuge haben genügend  Platz, um auch mal einen kleinen Ausflug mit der Familie zu machen, wobei der Kofferraum für mehr als Kühltasche und Co. ausreichend dimensioniert ist. Auch die Reichweiten können sich zunehmend sehen lassen: so schaffen alle mindestens realistische 140 km und gehen rauf bis 300 bzw. 400 km.

Wo wir gerade beim Kofferraum sind: diesen Aspekt finde ich persönlich sehr wichtig und man sollte prüfen, ob er für alle regelmäßigen Vorhaben ausreicht. Da ich als Fliegenfischer regelmäßig ans Wasser fahre und die gesamte Ausrüstung (von Ruten bis Wathosen in einer Speißwanne etc.) bislang problemlos in mein altes Auto bekam, und das neue Auto das auch können sollte, habe ich alle diese Sachen zum Elektroautohändler mitgebracht und in den potentiell neuen Kofferraum umgeladen. So stellte sich auch schnell heraus, dass die nominellen Größenangaben nicht unbedingt aussagekräftig genug sind. Vielmehr kommt es auf die Gestaltung des Kofferaums an. Meine Ausrüstung passte zum Beispiel wesentlich besser in einen nominell kleineren Kofferraum als bei meinem 2. Favoriten: denn die Grundfläche war breiter und nicht durch Radkasteneinbuchtungen eingeschränkt. Wollen Sie also auch mit dem Elektroauto glücklich werden, probieren Sie es lieber aus.

Bei den **Klein und Kleinstfahrzeugen** verbreitert sich ebenfalls das Angebot enorm (z.B. Smart EQ, den es neuerdings sogar nur noch elektrisch gibt, Citroën C-Zero, Peugeot iOn, Renault Twizy - der bald ein Pendant alias Seat Minimó an die Seite bekommt,

das interessante neue 3er-Gespann VW e-up!, Škoda Citigo e iV und Seat Mii electric).

Zu letztgenannten gibt es eine interessante Geschichte eines tiefgreifenden Wandels: der bekannte Elektroauto-Experte Stefan Kopeinig ist von einem Tesla Model 3 auf einen VW e-up! umgestiegen. Seine Beweggründe hat er ausführlich auf facebook (**https://www.facebook.com/100003740205908/posts/1822254457909210/?d=n**) und youtube (**https://youtu.be/Vnwpg3uNKfc**) dargelegt und anlässlich dessen eine entsprechende Facebook-Gruppe gegründet, die sich wachsender Beliebtheit erfreut (**https://www.facebook.com/groups/840899182933542/?hc_location=ufi**).

In diesem Segment drängen auch vermehrt Fahrzeuge von neuen Herstellern (Start-Up) in den Markt, die den Traditionsherstellern von unten Druck machen (z.B. e.GO, Unity One). Sogar historische Klassiker, wie die BMW Isetta wird mit Elektroantrieb wieder zum neuen Leben erweckt (diesmal aber nicht von BMW, sondern als Microlino von Micro Mobility Systems...).

Fahrzeuge dieser Klasse sind in erster Linie für den Nahbereich konzipiert, erreichen aber heutzutage durchaus ausflugstaugliche Reichweiten bis zu 260 km. Also perfekt für den Arbeitsweg der Meisten und als raumsparende sowie wendige Stadtflitzer ideal. Der Kofferraum ist oft groß und variabel genug, um unterwegs die wichtigsten Besorgungen machen zu können oder die Sporttasche für die Fahrt zum Training unterzubringen.

In der **Mittel- bis Oberklasse** tummeln sich nun bereits eine breite Palette an kleineren bis großen Limousinen sowie zahlreiche SUV aller Größen und Formen.

Die großen Limousinen wie Tesla Model S, schließen zwar schon mit dem Preis breite Käuferschichten aus, haben aber dennoch aufgrund der führenden Technologie gepaart mit Komfort und Reichweite bei Leuten, die z.B. in leitenden Positionen sind oder die regelmäßig lange Strecken fahren müssen viele Freunde gewonnen. Zudem ist Tesla wieder seiner Vorreiter-Rolle gerecht geworden, indem die kleinere Limousine Model 3 auf den Markt kam und sich sehr erfolgreich behauptet. Vielleicht auch deshalb, weil Tesla konsequent als einer der wenigen auf die windschnittige

Limousinenform setzt (weiteres Beispiel: Hyundai Yoniq Elektro).

Die meisten anderen Hersteller meinen leider, dem Trend zum (großen) **SUV** hinterherrennen zu müssen und bringen einen riesigen, schweren, windstoppenden „Panzer" nach dem anderen auf die gepflasterte Straße. Damit diese im Verhältnis zum wirkli-chen Raumangebot überdimensionierten Fahrzeuge wenigs-tens in die Nähe der heute schon bei Kleinwagen üblichen Reichweiten kommen, werden riesige Antriebsbatterien eingebaut. Das macht die SUVs wieder schwerer und träger. Um das zu kompensieren, werden Motoren mit riesiger Leistung und Energiehunger ausgestattet. Ich finde, das ist eine Fehlentwicklung, die vor allem dem Umweltgedanken wider-spricht. Es gibt sicher Fans der SUVs und diese haben bestimmt gute Gründe für einen SUV, aber der ökologische Aspekt wird hier kaum erfüllt (lediglich durch lokal emmissionsfreien Betrieb). Denn umweltfreundlich werden diese Fahrzeuge nicht allein durch einen Elektroantrieb.

Von dieser Betrachtung möchte ich die sogenannten Kom-pakt-SUVs ausnehmen: denn auch wenn SUV dransteht, so habe ich den Eindruck, dass dies eher aus Marketinggründen erfolgt. Wenn man mal solch ein Auto ausprobiert hat, wird man schnell feststellen, dass Innenraum und Kofferraum kaum anders ist, als bei einem normalen Kompakten - man sitzt lediglich etwas höher.

Eine erfreuliche Entwicklung gibt es inzwischen bei **Kombis**: zwar gibt es aktuell Kombis nur als Hybrid (z.B. Skoda Superb Combi), aber laut VW soll es ab 2021 den ersten vollelektrischen Kombi namens „Space Vizzion" mit rund 590 km Reichweite geben, der sogar den erfolreichen Passat Variant ablösen soll.

Kombis sind aus meiner Sicht als Elektroautos die ideale Bauform für alle, die einen guten Kompromiss aus gutem Raumangebot, eleganter Straßentauglichkeit und großer Reichweite suchen. Schon aufgrund der windschlüpfrigeren Form bietet ein Kombi im Verhältnis zur Batteriekapazität und Leistung energiesparenderes Fahren und somit größere Reichweite.

Schließlich möchte ich im bereich der PKWs noch ein Elektroau-to hervorheben, das aus meiner Sicht eine **neue Fahrzeugklasse** begründet und das von Anfang an konsequent versucht Raumangebot, Technologie und Umweltfreundlichkeit unter einen Hut zu bringen: den **Sion** von Sono Motors, einem erst vor wenigen Jahren gegründeten Start-Up. Schon allein das Implementieren von Solarzellen in fast der ganzen Karosserie, die ein Nachladen von bis zu 30 km pro Tag ermöglichen, sollte zukunftsweisend sein. Ich wünsche sehr, dass die Serienproduktion bald gelingt und der Sion die Straßen als Vorbild bereichert.

Ich wünschte, dass sich diesem Vorbild mehr Hersteller anschließen würden und ihrerseits mehr Forschergeist auf die Entwicklung von optimierten, windschlüpfrigeren Karosserieformen und -oberflächen sowie standardmäßiger Ausstattung mit Solarzellen einsetzten. Hierbei gibt es sicher noch enormes Potenzial. Das gleiche gilt für die Antriebs-, Batterie- und Ladetechnik. Der Sion kann z.B. nicht nur Strom aufnehmen und für den eigenen Betrieb speichern, sondern den Strom auch wieder zur Verfügung stellen: ob über eine klassische Schuko-Steckdose mit 230 V für den direkten Betrieb von Haushaltgeräten, oder als Vehicle-to-grid (V2G) aus dem Auto zurück ins Stromnetz. Auch das sollte zuküftig bei allen Elektroautos Standard sein.

Auch bei Lieferwagen (Vans) mit noch größerem Raumangebot gibt es Fortschritte: Diese sind vor allem für Firmen interessant, die viel zu transportieren haben und gleichzeitig in einem begrenzten Radius aktiv sind. Vor wenigen Jahren gab es hierfür praktisch kein Angebot. Aus dieser Not hat z.B. DHL eine Tugend gemacht und in Zusammenarbeit mit der RWTH Aachen selbst einen Lieferwagen für die Kurzstrecke konzipiert: den StreetScooter.

Erst danach wachten die klassischen Hersteller von Vans auf und jeder möchte auf einmal der erste sein, der einen Van mit Elektromotor auf den Markt bringt. Nach einem der ersten Vans, dem Renault Master Z.E., sind nun bereits aktuell oder bald weitere Modelle verfügbar, wie z.B. Mercedes-Benz eVito/eSprinter, MAN eTGE, VW e-Crafter, Iveco Daily Electric, Fiat Ducato Electric, um nur einige zu nennen.

Der Wettbeberb wird die potenziellen Kunden sicher freuen.

Fazit: heute kann bereits jeder ein passendes Elektroauto finden.

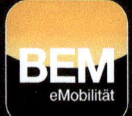

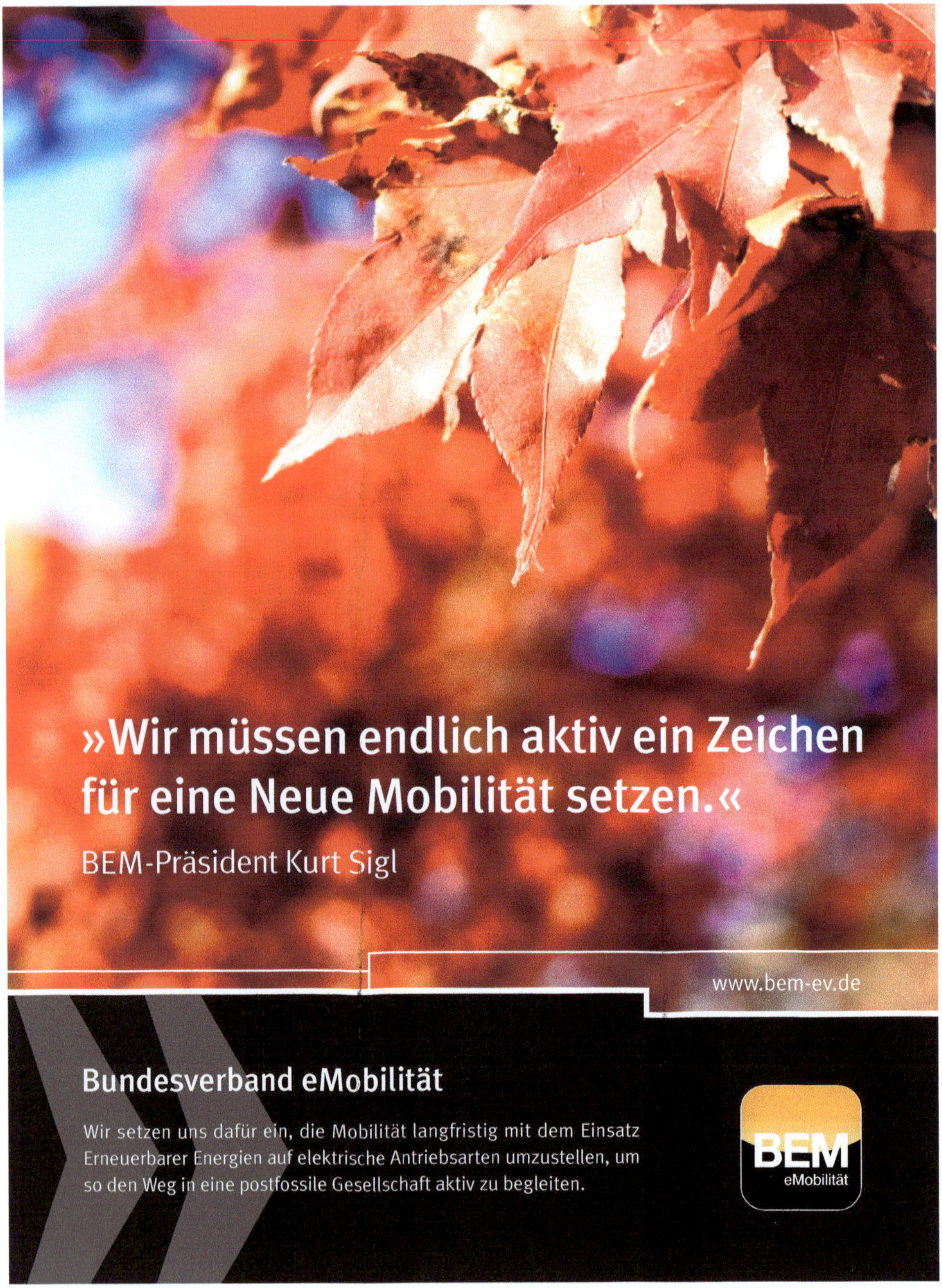
»Wir müssen endlich aktiv ein Zeichen für eine Neue Mobilität setzen.«
BEM-Präsident Kurt Sigl
www.bem-ev.de
Bundesverband eMobilität
Wir setzen uns dafür ein, die Mobilität langfristig mit dem Einsatz Erneuerbarer Energien auf elektrische Antriebsarten umzustellen, um so den Weg in eine postfossile Gesellschaft aktiv zu begleiten.
BEM
eMobilität

2.2.4 Der Preis des Elektroautos

Es wird überwiegend behauptet, dass Elektroautos gegenüber Verbrennern stets wesentlich teurer seien. Das stimmt nur bedingt. Der Preis ist in erster Linie davon abhängig, ob der Antriebsakku gekauft werden werden muss, oder gemietet werden kann.

Preisfrage: Antriebsakku kaufen oder mieten

Da der Akku bei einem Kaufmodell mit ca. 7.000,- bis 10.000,- € zu Buche schlägt, ist das ungefähr der Aufpreis gegenüber einem vergleichbaren Verbrenner.

Um diese Kaufhürde zu verringern, bieten einige Hersteller den Akku zur Miete an. Das ist ähnlich einem Smartphone-Vertrag, bei dem die Kosten für das Smartphone über den Vertragszeitraum als monatliche Gebühr verteilt werden.

Das Akku-Mietmodell bietet aus meiner Sicht folgende Vorteile:
- Es senkt den Kaufpreis enorm.
- Die Höhe der Akkumiete kann in gewissem Rahmen auf die eigene Fahrleistung und Nutzungsdauer angepasst werden.
- Die Akkumiete enthält eine Garantie: bei Defekt oder Schwäche wird der Akku kostenlos ausgetauscht.
- Oft ist auch eine Mobilitätsgarantie enthalten, die meist so umfassend ist wie die der großen Automobilclubs.

Die monatlichen Gebühren muss man einfach wie beim Verbrenner gewohnt als Verbrauchskosten (früher Spritkosten) betrachten.

Allerdings muss man sagen, dass sich die Einstiegspreise aktueller Fahrzeuge (zumindest in der beliebten Kompaktklasse) immer stärker am sogenannten Durchschnittspreis für den Neukauf in Höhe von 30000,- € orientieren - auch inklusive Batterie. Somit gibt es auch für die Klientel, die lieber den ganzen Wagen als ihr Eigentum betrachten möchten, genügend attraktive Angebote.

Dabei handelt es sich bei den Einstiegsbatterien nicht etwa um schwache Kleinversionen. Die meisten bieten bereits eine Reichweite um 250 km nach WLTP, was noch vor 3 Jahren als Toplevel galt. Wenn man etwas drauflegt, sind heute Reichweiten von bis zu 400 km problemlos möglich.

2.2.5 Förderungsmöglichkeiten 2020

Kaufprämie der Bundesregierung (Umweltbonus) ab 2020 erhöht

Seit Mitte 2016 bietet die Bundesregierung für vollelektrische Fahrzeuge und Plug-In-Hybride eine Kaufprämie an, die zur Hälfte vom Staat und zur anderen vom Hersteller zu zahlen ist. Vollelektrische Fahrzeuge können bislang insgesamt 4.000,- € erhalten, während sich Plug-In-Hybride mit 3.000,- € begnügen müssen, da deren Umweltbilanz durch den Verbrennungsmotor schlechter ist.

Nachdem die Abrufzahlen der Prämie immer noch hinter den Erwartungen hinterher hinken, wollte die Regierung spätestens ab 2020 nachlegen und die Kaufprämie auf 6000,- € erhöhen.

Endlich ist am 18.2.2020 die neue Richtlinie im Bundesanzeiger bekannt gemacht worden und gilt nun für **Anträge, die ab dem 19.2.2020 gestellt wurden: ab 5.11.2019 neu zugelassene E-Autos, die in der BAFA-Liste der förderfähigen Fahrzeuge stehen sowie den geforderten Herstellerrabatt aufweisen, erhalten die neue Prämie.**

NEU laut Beschluss vom 3.6.2020: „Innovationsprämie" in doppelter Höhe des Umweltbonus als staatlicher Zuschuss

Im Rahmen des Konjunktur- und Krisenbewältigungspaketes wegen Corona beschloss die Regierung, unter anderem den staatlichen Zuschuss für rein elektrische Autos und Plug-In-Hybride zu verdoppeln, wobei der ursprüngliche Anteil der Hersteller gemäß der letzten Richtlinie geblieben ist. Gültigkeit: bis Ende 2021.

Laut BAFA vom 10.6.2020 ist folgendes Zulassungsdatum entscheidend für die Gewährung der verdoppelten Prämie:

„Ziel ist es die neuen Fördersätze rückwirkend für alle Fahrzeuge anzuwenden, die **ab dem 4. Juni 2020 zugelassen** wurden."

Übrigens: die „Innovationsprämie" muss nicht separat beantragt werden – man erhält sie automatisch nach dem Antrag des Umweltbonus beim BAFA als verdoppelten Umweltbonus.

Tab. 2:   Staffelung der Kaufprämien

Antriebsart	Nettolisten-preis Basis-fahrzeug	Umweltbonus 2020 bis 2025 (Innovationsprämie bis Ende 2021 in Klammern)		Gesamt
		Hersteller (Netto-Rabatt)	Staat	
Rein elektrisch, Brennstoffzelle	Bis 40000,- €	3000,- €	3000,- € (6000,- €)	6000,- € (9000,- €)
Rein elektrisch, Brennstoffzelle	40000,- bis 65000,- €	2500,- €	2500,- € (5000,- €)	5000,€ (7500,- €)
Plug-In-Hybrid	Bis 40000,- €	2250,- €	2250,- € (4500,- €)	4500,- € (6750,- €)
Plug-In-Hybrid	40000,- bis 65000,- €	1875,- €	1875,- € (3750,- €)	3750,- € (5625,- €)

Einige Autohäuser boten in weiser Voraussicht ihren Teil der erhöhten Prämie (also mind. 3000,- Netto/3570,- € brutto; durch Senkung der MwSt auf 16 % vom 1.7.-31.12.2020 3480,- brutto, was aber für die Berechnung nicht relevant ist) bereits letztes Jahr als Rabatt an und zogen diesen beim Kauf eines neuen Elektroautos ab.

Wichtig in diesem Zusammenhang und Quelle vieler Fragen und Diskussionen: Der Herstelleranteil an der Prämie muss NICHT extra als Umweltbonus/-Prämie ausgewiesen sein! Hierzu gibt es auf der Seite **https://www.bafa.de/DE/Energie/Energieeffizienz/ Elektromobilitaet/Foerderprogramm_im_Ueberblick/foerder- programm_im_ueberblick_node.html** unter „Häufige Fragen/ Antragstellung/ Wie wird geprüft, ob der Eigenanteil des Herstel- lers an mich weitergeben wurde?" folgende Klarstellung:

„Wenn der Netto-Kaufpreis des Basismodells unter Berücksich- tigung aller vom Automobilhersteller bzw. Händler gewährten **Nachlässe und Rabatte** den Schwellenwert unterschreitet, dann ist der Eigenanteil des Automobilherstellers am Umweltbonus nachgewiesen."

Wo finde ich, welches Fahrzeug „förderfähig", was der „Netto- listenpreis des Basisfahrzeugs" und der „Schwellenwert" für die Antragsberechtigung ist?

Zuständig für die Anträge und Abwicklung der Prämie (Umwelt- bonus und Innovationsprämie) ist das **Bundesamt für Wirtschaft und Ausfuhrkontrolle (BAFA).**

Das gesamte Antragsverfahren läuft komplett online.

Die Internet-Adresse ist:

www.bafa.de/DE/Energie/Energieeffizienz/Elektromobilitaet/ elektromobilitaet_node.html

Welches Fahrzeug förderfähig ist, kann man in der sog. BAFA-Liste nachschauen, die dort unter „Elektromobilität Fahrzeuglistung" als PDF-Datei zum Download angeboten wird.

Nr.	Hersteller	Modell	BAFA-Nettolistenpreis (EUR)	
			Neuwagen	Gebraucht-wagen
136	Renault	ZOE Phase 2, Intens R135 Z.E. 50 (mit Batteriemiete)	23.445,38	18.756,30
137	Renault	ZOE Phase 2, Life R110 Z.E. 40	25.201,68	20.161,34
138	Renault	ZOE Phase 2, Life R110 Z.E. 40 (mit Batteriemiete)	18.403,36	14.722,69
139	Renault	ZOE Phase 2, Life R110 Z.E. 50	26.882,35	21.505,88
140	Renault	ZOE Phase 2, Life R110 Z.E. 50 (mit Batteriemiete)	20.084,03	16.067,22
141	Renault	ZOE, Intens	27.534,83	22.027,86
142	Renault	ZOE, Intens (mit Batteriemiete)	19.579,83	15.663,86
143	Renault	ZOE, Life	26.022,23	20.817,78
144	Renault	ZOE, Life (mit Batteriemiete)	18.067,23	14.453,78
145	Renault	ZOE, Zen (mit Batteriemiete)	19.579,83	15.663,86
146	SEAT	Mii electric	17.352,94	13.882,35

Bild 6: Beispiel aus der BAFA-Liste

Beispiel für die Berechnung der Förderfähigkeit

Nehmen wir als Beispiel ein neues, rein elektrisches Auto, das stark nachgefragt ist: die „ZOE Phase 2, Intens R135 Z.E. 50 (mit Batteriemiete)".

Kriterium 1: Dieses Modell ist in der Liste unter Nr. 136 aufgeführt und somit prinzipiell förderfägig.

Kriterium 2: ab welchem Preis kann ich den Umweltbonus beantragen?

Hierzu nimmt man den „BAFA-Nettolistenpreis" (Basisfahrzeug ohne Sonderausstattung und Zubehör) aus der Tabelle und zieht den Hersteller-Bonus (ebenfalls netto!) ab:

23.445,38 - 3000,- € = 20445,38 € Netto = Schwellenwert für die Antragsberechtigung. In der Rechnung sollte der Nettopreis des Basisfahrzeugs nach Abzug aller Rabatte also max. bei 20445,38 liegen (besser noch etwas darunter) und entsprechend ausgewiesen sein.

Welche Dokumente will das BAFA haben?

Der Antrag kann erst nach der Zulassung gestellt werden. Sobald das Fahrzeug zugelassen ist, muss man eine Kopie (Scan) des Fahrzeugbriefs **(Zulassungsbescheinigung II)** sowie der **Rechnung im PDF-Format** über den bei Antragstellung eingerichteten, persönlichen Zugang (Account) hochladen. Bei Antragstellung will das BAFA zwar auch noch das Datum der verbindlichen Bestellung wissen, aber solange es nach dem 18.5.2016 erfolgt war ist alles ok. Da dies inzwischen sehr wahrscheinlich ist, verzichtet das BAFA neuerdings auf einen Beleg.

Wenn alles in Ordnung ist, bekommt man irgendwann die zweite Hälfte der Prämie auf das angegebene Konto überwiesen. Wohl auch aufgrund der Corona-Pandemie kann es etwas länger dauern (nach 2 Monaten erhielt ich den positiven Bescheid).

Diese Prämie wurde noch vor 3 Jahren als „Rohrkrepierer", „Misserfolg", „bringt nix" etc. schlecht gemacht. Inzwischen hat sich das Blatt gewendet: Viele Neueinsteiger haben ihre Entscheidung vom Zeitpunkt der Prämie abhängig gemacht. Der Anreiz ist also sehr wohl vorhanden, weshalb viele Hersteller wegen der Verzögerung die Fahrzeuge nicht vekaufen konnten und von sich aus teilweise die komplette Prämie in Form eines Rabatts anboten.

Fakt ist:

Jeder, der sich ein Elektroauto kaufen will, zahlt dafür dank der Prämie künftig bis zu 6000,- € (durch „Innovationsprämie" sogar bis zu 9000,- €) weniger.

Für mich war und ist es jedenfalls ein hilfreiches Entscheidungskriterium für den Umstieg auf ein Elektroauto. Und diesmal auch für den Aufstieg auf ein neueres Modell.

Dass die Kaufprämie allein nicht ausreichen wird, um die Elektromobilität entscheidend vorwärtszubringen ist dabei unbenommen. Ich wünschte mir jedenfalls, dass nicht nur die Fahrzeuge, sondern auch die eigene Ladestation gefördert würde. Neuerdings tut sich in dieser Sache endlich etwas (siehe unten).

Förderung Ladeinfrastruktur

Womit wir beim wohl wichtigsten Thema gelandet sind: dem Laden der Elektroautos. Dass die alleinige Förderung des Autokaufs zu kurz greift, hat auch die Bundesregierung gemerkt und legte ein Förderprogramm für Ladeinfrastruktur mit einem Gesamtumfang von 300 Millionen Euro auf.

Die zuständige Behörde für die Förderung der Ladeinfrastruktur ist die **Bundesanstalt für Verwaltungsdienstleistungen (BAV)** mit Sitz im ostfriesischen Aurich.

Am 1.3.2017 war der Startschuss. Am *„30.10.2019, endete die Antragsphase für den Vierten Aufruf zur Antragseinreichung*", wie es so schön amtsdeutsch heißt. Und ganz aktuell: „Fünfter Förderaufruf veröffentlicht - Antragstellung ab dem 29.04.2020 möglich!". Unter der aktuellen Internetadresse **https://www.bav.bund. de/DE/4_Foerderprogramme/6_Foerderung_Ladeinfrastruktur/ Foerderung_Ladeinfrastruktur_node.html** kann man sich über das Antragsverfahren informieren und entsprechende Formulare downloaden.

Die Fördersumme ist auf 2 Pakete aufgeteilt und eingegrenzt:

- 200 Millionen für 5.000 Schnellladestationen (womit hier DC-Ladestationen gemeint sind). Pro Schnellladestation wird also bis 40000,- € bereitgestellt.
- 100 Millionen für 10.000 „Normalladestationen" (gemeint sind AC-Ladestationen bis 22 kW). Pro Ladestation sind demnach 10.000,- € veranschlagt.

In der Zwischenzeit hat die Förderung Fahrt aufgenommen, was zu einem deutlich erweiterten Angebot öffentlicher Ladestationen in den letzten Jahren beigetragen hat.

Förderung privater Ladestationen bald möglich?

Das Programm hat aus meiner Sicht immer noch einen gravierenden Mangel: Die Installation einer privaten Ladestation in der eigenen Garage wird leider (noch) nicht gefördert.

Jedoch gibt es im Zusammenhang mit der E-Mobilitätsoffensive Planungen des Verkehrsministeriums, dass für private Wallboxen bis zu 1 Milliarde ab 2020 vom Staat zur Verfügung gestellt werden sollen.

Vielleicht hat ja meine Anfrage und Anregung bei verschiedenen Ministerien doch etwas bewirkt: vor der Erstauflage dieses Buchs 2017 erhielt ich von der zuständigen Behörde BAV immerhin die wohlmeinende Antwort, dass das „eine gute Idee sei und in die zuständigen Gremien eingebracht würde, zumal ja auch noch viel Budget aus der Elektroautoprämie übrig" sei...

Bislang gab es nur Lippenbekenntnisse und Beiträge in verschiedenen Gremien auf höchsten Ebenen, die zusammenfassend lauten: eine eigene Ladestation ist für den Erfolg der Elektromobilität essentiell und sollte Standard sein.

Die Förderung soll mit einer entsprechenden Änderung des Miet- und Wohnungseigentumsrechts flankiert werden (siehe **„Rechtliche Rahmenbedingungen werden sich ändern" auf Seite 66**).

Sollte die Förderung privater Ladestationen Wirklichkeit werden, wäre das doch endlich ein Fortschritt!

Denn zur Zeit ist die Bedingung für die Förderung, dass die Ladestation **mindestens 12 Stunden pro Tag öffentlich** verfügbar sein muss.

Somit profitieren von dieser Förderungspraxis in erster Linie Unternehmen, die Ladeinfrastruktur für die kommerzielle Nutzung verkaufen und/oder betreiben. Es geht also nicht um direkte Förderung der Elektromobilität, sondern um direkte Wirtschaftsförderung.

Dadurch, dass ja auch die private Station gekauft und von Fachbetrieben installiert werden muss, würde indirekt ebenfalls die Wirtschaft gefördert und die Subventionen dem Wirtschaftskreislauf zugeführt. Außerdem entstünde ja ein zusätzlicher Anreiz zum Kauf eines Elektroautos, was der Automobilindustrie zugute käme.

2.2.6 Kann man sich mit dem Elektroauto etwas sparen?

Klare Antwort: ja, man kann!

Hier haben Elektroautos enormes Sparpotenzial:

- Keine KFZ-Steuer (10 Jahre lang, danach nur 50 %)
- Wesentlich geringere Wartungskosten, weil:
  Kein Ölwechsel, kein Ölfilter, kein Zahnriemen-Wechsel,
  geringerer Verschleiß der Bremsen durch Rekuperation, kein
  Getriebe zu warten etc.
  Die jährlichen Wartungskosten liegen lediglich bei ca. 100,- €.
- HU beim TÜV günstiger, da ohne Abgasuntersuchung
- Stromverbrauch deutlich günstiger als Spritverbrauch, vor
  allem wenn man zwischendurch kostenlos tanken kann. Man
  muss zwar die etwaige Akkumiete zu den Stromverbrauchskos-
  ten addieren, aber unterm Strich kommt es trotzdem günstiger.

Man glaubt gar nicht, welche Kosten ein Verbrenner übers Jahr
verteilt verursachen kann. Es ist in jedem Fall hilfreich, die laufen-
den Kosten zu addieren und sie mit den potenziellen Kosten eines
Elektroautos zu vergleichen.

Hierzu gibt es bereits hilfreiche Tools im Internet.

Wer sich einen ungefähren Überblick über sein Sparpotenzial
online verschaffen möchte, kann dies z.B. auf dieser Seite tun:

https://www.e-stations.de/elektroautos/kostenrechner

Für einen korrekten Vergleich bitte den Passus „Steuern, War-
tungs- und Versicherungskosten beachten" auf „JA" setzen.

Ein weiteres, mit enormem Aufwand recherchiertes Tool in Form
einer **Excel-Tabelle** hat **Tobias Rupp** dankenswerterweise der Öf-
fentlichkeit zur Verfügung gestellt und auf youtube erklärt (Links
siehe **Seite 115**).

In meinem Fall spare ich gegenüber meinem früheren, vergleichbaren Diesel (bei dem die Spritkosten sogar noch unter Superben-
zin liegen) ca. 700,- € Euro pro Jahr. Und das, obwohl die monatliche Miete des Antriebsakkus bereits mit eingerechnet ist.

2.3 Finales Kriterium

2.3.1 Steht das Auto zu Hause auf der Straße oder in einer Garage

Wenn Ihr Fahrzeug zu Hause auf der Straße stehen muss (und Sie haben keine Lademöglichkeit am Arbeitsplatz), ist das aus meiner Sicht zur Zeit ein Ausschlusskriterium: ein Elektroauto ist für Sie (noch) nicht geeignet.

Warum?

Weil eine regelmäßig und ständig verfügbare Ladegelegenheit essenziell ist.

Und weil diese Lademöglichkeit noch nicht auf der Straße verfügbar ist. Es gibt zwar Vorschläge und Bestrebungen, dies zu ändern, indem zum Beispiel die Straßenlaternen mit Ladesteckern ausgestattet werden sollen, aber das wird sicher noch einige Jahre dauern, bis das Realität wird - wenn überhaupt.

Das Gleiche gilt für das induktive Laden über Ladeflächen unter dem Belag von öffentlichen Parkplätzen oder sogar Straßen.

Es sei denn, Sie wohnen in unmittelbarer Nähe zu einer rund um die Uhr verfügbaren Ladestation, die aber sonst niemand nutzt - sehr unwahrscheinlich. Auch eine Lademöglichkeit am Arbeitsplatz ist keine Dauerlösung: Was ist während Ihres Urlaubs, bei Arbeitsplatzwechsel oder Umzug Ihrer Firma, wo laden Sie dann?

Es bleibt also realistisch gesehen nur das Laden in der Garage. Wobei es Leute mit eigener Einzel-Garage sicher am einfachsten haben: sie können sich einfach eine Ladestation installieren (lassen), ohne jemanden zu fragen.

Leute mit einem Tiefgaragenplatz haben es schon etwas schwerer, aber es ist oft machbar. Zumindest technisch gibt es kaum Probleme.

Weitere Informationen zum Laden in der Garage siehe
„3.2 Ladestationen für zu Hause" auf Seite 60

3 Ladesysteme

3.1 Lademodi und Ladestecker für Elektroautos

3.1.1 Vorbemerkung

Das Thema Ladesysteme mit den Unterthemen Lademodi und Ladestecker ist für die Elektromobilität wahrscheinlich das Wichtigste überhaupt. Und das am meisten unterschätzte und noch zu wenig im Fokus stehende. Ich habe im Laufe meiner Recherchen fast den Eindruck gewinnen können, dass es vor allem für viele Autoverkäufer ein unbequemes Thema ist. Um das zu untermauern, hier nur eine, symptomatische Anekdote: auf einer E-Mobil-Werbeausstellung verschiedener Anbieter (man konnte also auf fachkundige Beratung hoffen) kam von einem Interessenten die Frage nach dem Ladesystem auf: „Kann man den Wagen überall und schnell aufladen?" „Natürlich, an jeder beliebigen Ladestation", meinte darauf der Händler - ob bewusst oder aus Unwissenheit. Denn der Wagen konnte nur mit dem System CHAdeMo schnell geladen werden - und das gibt es in Deutschland nicht an jeder Ecke. Außerdem hatte das ausgestellte Fahrzeug diesen Anschluss nicht einmal an Bord. Zum Glück gab es noch andere Interessenten, die den arglosen Kunden (und wohl auch den Verkäufer) aufklären konnten.

Da muss man sich nicht wundern, wenn die Elektromobilität so schleppend vorankommt.

Über Ladestecker gibt es eine Menge Informationen im Netz. Je nach Hersteller und entsprechendem Interesse sind die Infos aber oft stark „eingefärbt". Außerdem gibt es wenig zusammenhängende Information mit Querverbindungen.

In diesem Kapitel möchte ich daher versuchen, die verschiedenen Steckertypen und die damit verbundenen Ladesysteme unter dem Aspekt der praktischen Relevanz darzustellen. So können Sie die Vor- und Nachteile selbst besser beurteilen und die für Sie passenden Schlüsse ziehen.

3.1.2 kW, kWh, A, V, AC/DC oder was? Kleiner Exkurs in die Elektrotechnik

Dieser Exkurs will keine tiefgehenden elektrotechnischen Grundlagen, sondern lediglich ein gewisses, praxisrelevantes Grundverständnis vermitteln, um die Unterschiede sowie die Auswirkung auf die Ladesysteme besser einschätzen und bewerten zu können.

Die technischen Daten in den Prospekten der Hersteller strotzen nur so vor elektrotechnischen Kenngrößen, an die man sich vielleicht noch vage aus der Schulzeit erinnert. In der Praxis des bisherigen Verbrenner-Mobilisten spielten diese bislang kaum eine Rolle. Für das Verständnis der technischen Daten und Ladesysteme beim Elektroantrieb bekommen sie nun jedoch eine zentrale Bedeutung.

Hier eine kleine Übersicht:

Tab. 3: Wichtige Kenndaten der Elektrotechnik, bedeutend für Elektroautos

Zeichen	Größe	Einheit		Verwendung	Beispiel
I	Stromstärke	A	Ampère	Generelle Größen bei Stromanschlüssen	Hausanschluss 400 V/16 A
U	Spannung	V	Volt		
P	Leistung,	kW	Kilowatt (1000 x Watt)	Ladeleistung von Ladestationen	AC bis 6,6 kW DC bis 50 kW
W	Energie, Arbeit	kWh	Kilowattstunde (Kilowatt x Zeit in Stunden)	Energie-Speichervermögen des Antriebsakkus (vergleichbar mit Tankinhalt)	Akkukapazität (Energie-inhalt) von 22 kWh
Q	Elektrische Ladungsmenge	Ah	Ampérestunde	Z.Tl. alternativ für Kapazität angegeben (z.B. bei BMW)	Kapazität (Ladungsmenge) von 60 Ah

Kürzel	Bezeichnung	Bedeutung	Verwendung	Beispiel
AC	Alternating Current (engl.)	Wechselstrom	Häufigste Stromart für die Ladung	AC bis 22 kW
DC	Direct Current (engl.)	Gleichstrom	Stromart für die Ladung mit hoher Leistung (meist gemeint bei „Schnelladung")	DC bis 50 kW
1~, 1p	1-phasig	1 spannungsführender Leiter (L1)	Haushaltsstrom 230 V zur Notladung	Schukosteckdose (2,3 kW Leistung)
3~, 3p	3-phasig	3 spannungsführende Leiter (L1, L2, L3)	Laden mit 400 V möglich (3-phasiger Wechselstrom bzw. Drehstrom)	Wallbox (11 kW Leistung)

Hinweis zu Kapazitätsangaben in Ah oder kWh:

Leider führen diese Angaben oft zur Verwirrung, denn eine höhere Zahl bedeutet nicht automatisch eine höhere Kapazität. Beispiel: **60 Ah** bei Hersteller **X** bedeutet keine höhere Kapazität des Antriebsakkus gegenüber **22 kWh** des Herstellers **Y**. Hier werden Äpfel mit Birnen verglichen. Die Ladungsmenge Q in Ah sagt in diesem Fall aus, dass der Akku 60 A eine Stunde lang liefern kann (dann ist der Akku komplett entladen). Vergleichbar mit einer 12 V-KFZ-Starterbatterie, deren Kapazität z.B. ebenfalls mit 60 Ah angegeben wird. In diesem Fall macht die Angabe in Ah Sinn, denn hier bedeutet das: Diese Batterie liefert für den Startvorgang etc. kurzfristig genügend Stromstärke. Es ist aber offensichtlich, dass die Autobatterie trotz 60 Ah nicht genug Energie bietet, um ein Elektroauto anzutreiben. Das ist nämlich zusätzlich von der Betriebsspannung in V abhängig. Erst wenn die Spannung bekannt wäre (was leider nicht immer der Fall ist), könnte man vergleichen.

Beispiel:

Kapazität Hersteller **X**: 60 Ah x 300 V = 18 kWh

Kapazität Hersteller **Y**: 55 Ah x 400 V = 22 kWh

Obwohl der Akku des Herstellers Y nur 55 Ah Ladungsmenge enthält, bietet er mehr Energie, da die Betriebsspannung höher ist.

Wichtig ist also in der Praxis, wieviel Kapazität (Energie) in kWh insgesamt zur Verfügung steht.

Da der Verbrauch von Elektroautos in kWh/100 km angeben wird, geben die meisten Hersteller vernünftigerweise die Nennkapazität als Energieinhalt des Antriebsakkus in kWh an. Mit beiden Werten kann man dann auch die ungefähre Reichweite ausrechnen (**„2.1.1 Die Frage aller Fragen: Reicht mir die Reichweite?" auf Seite 16**).

3.1.3 Stromarten

Der Strom zum Laden der Elektroautos kann auf zwei Arten verfügbar sein:

1. Wechselstrom (AC)

Jeder kennt Wechselstrom: er ist der Strom, der aus der Steckdose kommt. Jedes Haus ist mit einem Wechselstromanschluss ausgestattet (hierzu näheres unter: **„3.2 Ladestationen für zu Hause" auf Seite 60**)

Wechselstrom hat für die Ladetechnik folgende Grundeigenschaften:

- Praktisch überall verfügbar
- Über lange Strecken transportierbar
- Zielgerichtet ohne aufwändige Konstruktion konfektionierbar bzw. skalierbar (z.B. 400 V in 230 V)
- Ladegerät für Wechselstrom ist in der Regel direkt im Elektroauto integriert
- Ladesäulen und Wallboxen daher technisch unkompliziert, relativ preiswert und auch für den Hausgebrauch geeignet
- Nachteil: Leistung begrenzt und untauglich als Energiespeicher

2. Gleichstrom (DC)

Gleichstrom kommt zwar nicht aus der haushaltsüblichen Steckdose, aber trotzdem kennt ihn jeder, der ein mobiles Endgerät (Smartphone, Tablet etc.) besitzt: die darin enthaltenen Akkus versorgen die eingebaute Elektronik mit Gleichstrom. Somit ist das Laden an sich ja auch nichts Fremdes.

Sogar die Art und Weise entspricht in etwa dem Laden eines Elektroautos mit Gleichstrom - nur in klein:

Das mitgelieferte, externe Ladegerät wandelt aus dem Wechselstrom aus der Steckdose den Gleichstrom für unsere mobilen „Lieblinge".

Gleichstrom hat für die Ladetechnik folgende Grundeigenschaften:

✎ Ideal als Stromspeicher, weshalb alle Batterien/Akkus für den Antrieb von Elektroautos Hochvolt-DC-Akkus sind (meist Li-Ionen-Akkus)

✎ Sehr hohe Ladeleistungen möglich (bis 200 kW, zurzeit 50 kW)

✎ Nicht ohne Weiteres verfügbar: Gleichstrom muss erst aus Wechselstrom mit aufwändiger Technik hergestellt werden

✎ Ein DC-Ladegerät mit hoher Leistung ist in der Regel nicht im Elektroauto integriert, sondern muss extern in öffentlichen Ladesäulen/-Boxen eingebaut sein

✎ Auch das Ladekabel muss für Gleichstrom in den öffentlichen Ladesäulen fest eingebaut sein

✎ Ladesäulen und Wallboxen sind daher technisch aufwändiger, relativ teuer und in der Regel nicht für den Hausgebrauch geeignet

Hierzu Näheres unter: **„3.3 Ladestationen unterwegs" auf Seite 81**

3.1.4 Lademodi im Überblick

Die Ladeanschlüsse für Elektroautos sind im Wesentlichen durch das „International Electrotechnical Commission" (IEC) in der weltweit gültigen Norm IEC 62196 geregelt.

Diese Norm unterscheidet einerseits verschiedene Lademodi (Modes) und andererseits verschiedene Steckertypen, welche die unterschiedlichen Lademodi ermöglichen oder auch genauer bestimmen.

Ein Lademodus definiert

✎ die Stromart (AC oder DC),

✎ die Stromstärke (A),

✎ die Kommunikations-, Steuer- bzw. Schutzeinrichtungen für das Laden (genauer definiert in der zusätzlichen Norm IEC 61851).

Übersicht Lademodi:

↗ **Mode 1** - AC-Ladung an Schukosteckdosen (netzseitig) bis 16 A (max. 3,7 kW) ohne Steuerleitung: spielt in der Praxis nur als Notlademöglichkeit eine Rolle

↗ **Mode 2** - AC-Ladung ein- bis dreiphasig bis 32 A (max. 22 kW) mit fest kodiertem Steuersignal über die Anschlussleitung, sowie zusätzlicher Schutzeinrichtung als In-Cable-Control-Box (ICCB) im Kabel integriert: in der Praxis vor allem für mobile Ladesysteme genutzt, siehe **„3.3 Ladestationen unterwegs" auf Seite 81**

↗ **Mode 3** - AC-Ladung ein- bis dreiphasig bis 64 A (max. 44 kW) mit spezifischen Ladestecksystemen für Elektrofahrzeuge sowie Pilot- und Kontrollkontakt. Dieser Mode kommt bei Wallboxen für die eigene Garage und beim Laden an öffentlichen Ladestationen zum Einsatz.
Besonderes Plus: auf beiden Seiten ist das Kabel während des Ladens verriegelt und so vor Diebstahl oder mutwilliger Ladeunterbrechung gesichert. Siehe auch **„3.2 Ladestationen für zu Hause" auf Seite 60** und **„3.3 Ladestationen unterwegs" auf Seite 81**

↗ **Mode 4** - DC-Ladung (zur Zeit bis 350 kW) mit Steuerung durch ein externes Ladegerät, in der Regel in einer öffentlichen Ladesäule. Siehe auch **„3.3 Ladestationen unterwegs" auf Seite 81**

3.1.5 Überblick der Ladestecker/Ladebuchsen

Die folgende Tabelle zeigt die wichtigsten Steckertypen bzw. Buchsen und deren Kontaktbelegung. Direkt daneben sind die passenden Ladeanschlüsse an den Fahrzeugen abgebildet. So können Sie auf einen Blick am Auto oder am Ladekabel erkennen, was Sie ladetechnisch erwartet.

Die Kontaktbelegung vor allem am Stecker Typ 2 ist bedeutsam. Werden alle 3 Phasen genutzt, ist AC-Schnellladen möglich. Wird nur 1 Phase genutzt, ist nur relativ langsames Laden mit AC möglich.

Die Stecker/Buchsen kann man noch in 2 Kategorien einteilen:

- Ladestecker bzw. Ladebuchse auf der **Fahrzeugseite**
- Ladestecker bzw. Ladebuchsen auf der Stromlieferseite (hier kurz „**Netzseite**")

Diese müssen nämlich nicht identisch sein. So kann zum Beispiel ein Fahrzeug mit Typ 1-Anschluss über einen Adapter an einer Ladestation mit Typ 2-Anschluss geladen werden (jedoch nur 1-phasig und damit langsam).

Bild 7: Ladekabel mit Typ 2-Steckern auf Fahrzeug- und Netzseite.

Tab. 4:   Ladestecker, Kontakte

Steckertyp/ Kontakte	Stecker Fahrzeugseite	Ladebuchse am Fahrzeug	Anmerkung
Typ 2 (Mennekes) **Legende** L1 Phase 1 L2 Phase 2 L3 Phase 3 N Neutralleiter PE Erde CP Control Pilot PP Proximity Pilot			Am häufigsten vorkommender und meistgenutzter Stecker in DE und Europa für AC-Ladung. TESLA: Nutzt diesen Stecker auch für DC-Schnellladen
CCS (Combined Charging System) **Legende** DC+ Phase 1 DC- Phase 2 PE Erde CP Control Pilot PP Proximity Pilot (nur für DC-Ladung)			2-teiliger Stecker: oben wie Typ 2 für AC, unten zusätzlich für DC Da DC: Kabel ist aus Sicherheitsgründen fest in Ladestation angeschlossen
Typ 1 (AC)			Typ 1 ist meist mit CHAdeMO kombiniert
CHAdeMo (DC)			

Anmerkung zum CCS-Stecker:

Der CCS-Stecker ist eine Sonderentwicklung mit Unterstützung der deutschen Hersteller VW, BMW, Daimler, Opel.

Es ist eigentlich nicht ganz klar und auch vielfach kritisiert, warum ein solch wuchtiger Stecker entwickelt wurde, obwohl Tesla es bereits vorgemacht hat, dass man mit dem Typ 2-Stecker sowohl AC als auch DC laden kann.

Obwohl der Name Combined Charging System dies suggeriert, kann man mit dem CCS nur Gleichstrom DC laden. Für die AC-Ladung muss man ein zusätzliches Typ 2-Kabel mitführen. Leider kann man damit oft aber nur 1-phasig laden. So wurde aus meiner Sicht die Gelegenheit versäumt, das Beste aus beiden Welten (AC-DC) zu integrieren.

3.1.6 Lademodi-Ladestecker-Kombinationen und deren Leistungsfähigkeit

Tab. 5:   Kombination Ladestecker, Lademodus, Leistung

Steckertyp/ Lademodus	Typ 1	Typ 2 (Mennekes) IEC 62196-2: ab 2017 in Europa Standard	CCS (Combined Charging System, „Typ 2-Combo")	CHAdeMo
Steckerdesign (Größenverhältnis unberücksichtigt)				
Mode 1	–	–	–	–
Mode 2 (Mobile Ladeboxen)	–	AC 1- bis 3-phasig bis 22 kW (spezielle Schutz- und Steuerfunktion in im Kabel integrierter Ladebox nötig)	DE, Europa IEC 62196 ab 2017 Standard als Typ 2-Combo (oberer Teil als Typ 2) USA: als Typ 1-Variante (z.B. Chevr. Bolt)	Japan, USA, Europa, DE weniger
Mode 3 (Öffentliche Ladestation, Wallbox daheim)	AC 1-phasig bis 3,6 kW	AC 1- bis 3-phasig bis 22 (43) kW DE, Europa IEC 62196 ab 2017 Std.	AC 1p bis 3p möglich, über sep. Typ 2-Stecker/-Kabel	–
Mode 4 (Nur öffentliche Ladestationen)	–	–	DC bis 350 kW (aktuell nur Ionity, Üblich 50 bis 100 kW)	DC bis 50 kW (aktuell, über 100 kW möglich)
Ladegerät in Fahrzeug eingebaut	ja	ja	ja für AC nein für DC	nein

Nicht alle Steckertypen unterstützen alle Lademodi. In der Praxis haben sich bestimmte Kombinationen herauskristallisiert, oder werden von den verschiedenen Herstellern bevorzugt.

3.1.7 Ladestecker und ihre Verbreitung

Ein Grund für die Steckervielfalt liegt in den regional unterschiedlichen Bedingungen und Normen sowie dem Ort und Zeitpunkt der Entwicklung. So sind parallel viele verschiedene Steckertypen und Ladesysteme entstanden. Eigentlich gibt es noch einige mehr, als hier dargestellt. Aber hier sind vor allem die wichtig, die für Deutschland eine hohe Relevanz haben. Der Markt hat zu einer gewissen Bereinigung geführt und so haben sich im Wesentlichen diese durchgesetzt:

✎ Größte Verbreitung in **Deutschland/Europa: Typ 2 (AC)** und **CCS (DC)**. Beide sollen nach der Norm IEC 62196 in Europa bis Ende 2017 Standard werden.

✎ Größte Verbreitung in **Japan/USA: Typ 1 (AC)** und **CHAdeMO (DC,** auch in DE weit verbreitet).
Ausnahme: Tesla mit speziellem Typ 2-Stecker für AC/DC mit eigenen Ladestationen.

Da alle Hersteller auch auf dem deutschen Markt vertreten sind, ist besonders die Verteilung der passenden Ladestationen (LS) in Deutschland interessant (Quelle: goingelectric.de, Stand 05.2020, Schuko und CEE nicht berücksichtigt, in eckigen Klammern [Stand 05.2017]). Gegliedert von höchster bis niedrigster Anzahl Ladestationen:

1. **Typ 2: 58 % (33.148** [28.415] **LS, davon 26.494** [15.600] **LS mit 22 kW)**
Der Typ 2 hat mit Abstand das dichteste Ladenetz mit dem breitesten Leistungsspektrum für AC-Ladung (2,3 bis 44 kW). Die meisten Ladesäulen bieten 22 kW Ladeleistung an, die aktuell aber (neben Tesla) nur von Renault ZOE und dem neuen Smart Electric Drive zum schnellen, 3-phasigen Laden genutzt werden kann.

2. **CCS: 6 % (3.544** [2.557] **LS)**
CCS-DC-Schnellladestationen haben inzwischen die CHAdeMO-Stationen überholt. Hier zeigt sich langsam, dass Hersteller und Staat in Deutschland auf CCS setzen. Laut Ladesäulenverordnung sollen alle neuen Autobahn-Ladesäulen mit CCS ausgestattet sein. Der Anteil an CCS-Stationen wächst mit staatlicher Unterstützung. Diesem Trend folgen inzwischen

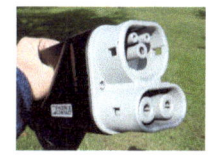

immer mehr asiatische Autokonzerne: z.B. Hyundai, Kia, Honda setzen für den deutschen/europäischen Markt bereits auf CCS.

3. CHAdeMO: 5 % (2.430 [3.013] LS)

Obwohl der CHAdeMO-DC-Schnellladestandard länger auch auf dem deutschen Markt ist (2010) gibt es inzwischen mehr CCS-Stationen. Eines der letzten asiatischen Modelle, die noch auf CHAdeMO setzen, ist der Nissan Leaf.

4. Typ 1: (nicht mehr in der Statistik [421 LS])

Ladestationen mit Typ 1-Direktanschluss spielen in Deutschland kaum eine Rolle, AC-Laden ist fast nur mit Typ 2- oder Schuko-Adapter bis 3,6 kW möglich. Typ 1 wird hier dennoch aufgeführt, weil einige Fahrzeuge, die fürs DC-Schnellladen den CHAdeMO-Standard nutzen, mit Typ 1 fürs AC-Laden ausgestattet sind (z.B. Nissan Leaf der 1. Generation; die neue Generation ist bereits mit Typ 2 ausgestattet). Immerhin werden noch einige Wallboxen auch als Typ-1-Version angeboten.

3.1.8 Zusammenfassung

Die wichtigsten Infos zum Thema Ladesysteme fasst die folgende Tabelle zusammen.

Tab. 6: Zusammenfassung Ladestecker, Leistung, Verbreitung und Fahrzeuge

Steckertyp	Typ 1 Mode 2 AC	Typ 2 Mode 3 AC	CCS (Combined Charging System, „Combo")	CHAdeMo
Steckerdesign (Größenverhältnis unberücksichtigt)				
Stromart	AC, 1-phasig	AC, 1- bis 3-phasig	Typ 2 AC DC Gleichstrom	DC Gleichstrom
Lade-Leistung	AC bis 3,6 kW	AC bis 44 kW (Regel bis 22 kW)	AC 1p bis 6,6 kW (Regel) AC 3p bis 22 kW möglich nur über Typ 2-Stecker DC bis 350 kW mit Combo-Stecker (fest an Ladestation)	DC bis 50 kW (fest an Ladestation)
Verbreitung/Norm	Japan, USA, Europa, DE weniger	DE, Europa, IEC 62196, ab 2017 Standard	DE, Europa, IEC 62196, ab 2017 Standard	Japan, USA, Europa, DE
Fahrzeuge (Auswahl ohne Anspruch auf Vollständigkeit)	• Nissan Leaf (Gen.1 Standard, ab. 2. Gen. Typ 2) • KIA Soul bis 2018 (Standard)	• Nahezu alle Fahrzeuge, die keinen Typ 1-Anschluss haben	• BMW i3 • VW e-Up • VW ID3 • Opel Corsa-e • Hyundai Ioniq • Kia Soul ab 2019 • Renault ZOE2 (Option)	• Nissan Leaf (Serie ab Acenta, oder Option) • KIA Soul bis 2018

3.2 Ladestationen für zu Hause

3.2.1 Voraussetzungen für die Ladestation in der (Tief-) Garage

Die gute Nachricht ist: jedes Haus verfügt über 3-phasigen Wechselstrom. Somit kommt potenziell jedes Haus und damit die angrenzende Garage oder Tiefgarage als Stromtankstelle in Frage. Da die meisten Fahrzeuge abends dort abgestellt werden, ist das Laden über Nacht die beste Möglichkeit, sein Elektroauto wieder fit für den nächsten Tag zu machen. Die Kehrseite ist, dass der Strom nicht da ist, wo man ihn braucht: die meisten Garagen sind von Haus aus nicht mit den nötigen Elektroanschlüssen ausgestattet, denn bislang gab es dafür auch selten einen Bedarf.

Anders sieht es zum Beispiel in einer Küche aus: hier ist schon lange der 3-phasige Stromanschluss für einen E-Herd Standard.

Da das Laden des Elektroautos (noch) kein Standard ist, muss der Elektroautobesitzer selbst für eine Lademöglichkeit sorgen und in der Regel auch für alle Kosten aufkommen, die dafür nötig sind.

Besondere Anforderungen an Elektroinstallation durch hohe Ladeleistung

Aufgrund der hohen Ladeleistungen und dauerhaft fließenden, hohen Ströme gibt es für den Ladeanschluss besondere Anforderungen.

Bildhaft lässt sich so ein Ladevorgang anhand des bereits genannten Vergleichs mit dem E-Herd gut darstellen: einmal Laden ist so, als wenn alle Kochplatten und zusätzlich der Backofen auf höchster Stufe mehrere Stunden betrieben würden.

Schon beim Gedanken daran dürfte einem heiß werden. Und genau das passiert auch mit nicht ausreichend dimensionierten Stromleitungen: sie erwärmen sich im Betrieb und können Schäden, bzw. Unfälle verursachen!

Daher darf die Elektroinstallation auch nur von autorisierten Elektrikern vorgenommen werden.

Der Installationsaufwand einer Elektro-Unterverteilung für die Ladestation in der Garage hängt stark von den örtlichen Gegebenheiten und den konkreten Ausführungsformen ab.

Die hierdurch verursachten Kosten können im Schnitt zwischen 500,- und 1500,- € betragen. In den Prospekten und diversen anderen Infos wird oft von „hausseitigem Elektroanschluss" oder „hausseitiger Elektroinstallation" gesprochen, ohne jedoch auf den Umfang und die Kosten einzugehen. Diese Kosten sollte man aber beim Kauf eines Elektroautos berücksichtigen und als Anschaffungskosten einbeziehen.

Darin ist die Ladestation/Wallbox selbst noch nicht enthalten.

Kostenfaktoren, die eine Rolle spielen, können sein:

⚡ Entfernung des zentralen Hausanschlusses von der Ladestation in der Garage (es macht einen Unterschied, ob nur 10 oder 50 m Leitung zu verlegen sind)

⚡ Wie viele Mauerdurchbrüche müssen gemacht werden?

⚡ Können die Leitungen nur über Brandschutztüren gelegt werden, unterliegen sie besonderen Vorschriften und müssen aufwändig geschützt werden?

⚡ Aufgrund der hohen Ströme muss der Ladeanschluss separat abgesichert werden. Der Umfang und die Art der Sicherungssysteme hängt ab von der Leistung, von den evtl. bereits in den Ladestationen verbauten Sicherungssystemen etc.

Eine genaue Beurteilung kann nur gemeinsam mit einem Elektrofachbetrieb erfolgen.

Tipp: Nutzen Sie die Lieferzeit Ihres Elektroautos, und machen Sie rechtzeitig einen Termin beim Fachbetrieb. Dieser kann ruhig aus Ihrer Umgebung stammen oder idealerweise der Fachbetrieb sein, der bereits die Hausinstallation gemacht hat.

TIPP!

Als allgemeiner Anhaltspunkt soll die Übersicht in der folgenden Tabelle dienen. Bitte beachten: Eine genaue Spezifizierung und Kalkulation kann nur zusammen mit der Elektrofachkraft erfolgen.

Tab. 7: Typische Komponenten hausseitiger Installation für den Ladeanschluss mit 400 V, 16 A

Komponente	Ausführung	Bild	Funktion	Preis ca.
Kabel (Mantelleitung)	NYM-J 5 x 2,5 mm²		• Leitung von Hausanschluss zum Ladegerät	3,- bis 5,- € pro lfd. Meter
Installationsrohr und Rohrschellen	⌀ 25 mm		• Zum Aufputz-Verlegen der Leitung	1,- bis 5,- € pro lfd. Meter
Kleinverteiler (Separat neben dem großen Hausverteiler)	1-reihig, 12 PLE (Platzeinheiten)		• Bietet Platz für alle nötigen Komponenten • Vorteil: Lässt sich komplett demontieren und bei Umzug mitnehmen	30,- bis 50,- €
Fehlerstromschutzschalter (obligatorisch!)	Typ A		• Personenschutz bei Fehlerströmen: • AC	50,- €
	Typ A-EV		• Personenschutz bei Fehlerströmen: • AC • DC	300,- €
	Typ B		• Personenschutz bei Fehlerströmen: • AC • DC	ab 400,- €
Leitungsschutzschalter (obligatorisch!)	LS		• Überlast- und Kurzschlussschutz	30,- bis 80,- €
Energiezähler (keine Pflicht, aber für den eigenen Überblick empfohlen)	Elektronisch		• Es erfasst die elektrische Energie beim Laden und zeigt den Gesamtenergieverbrauch aus dem Netz an.	50,- bis 100,- €

Sonderstellung: Fehlerstromschutzschalter FI (RCD/RCCB)

Zunächst einmal: Dieser Schutzschalter ist für die Sicherheit sehr wichtig und obligatorisch, um Personen vor sog. Fehlerströmen zu schützen. Die offizielle Abkürzung ist übrigens entweder **RCD** (engl. **R**esidual **C**urrent **D**evice), was genau genommen die Gruppe der Differenzstrom-Schutzeinrichtungen umfasst, oder präziser **RCCB** (engl.: **R**esidual Current operated **C**ircuit **B**reaker, sinngemäß Differenzstrom-abhängiger Stromkreisunterbrecher). Wobei das Kürzel **FI** (**F** für Fehler, **I** als Formelzeichen für Stromstärke) ähnlich wie PS nach wie vor gebräuchlich ist.

Hier die wichtigsten Unterschiede, die sich auch auf den Preis auswirken:

Mögliche Fehlerströme beim heimischen Laden von Elektroautos

◖ Die eigentliche Ladung erfolgt mit Wechselstrom. Somit muss – wie auch sonst in der Hausinstallation – ein Schutz vor **Wechselstrom-Fehlerströmen** vorhanden sein.

◖ Da aber das Ladegerät im Elektroauto den Wechselstrom für das Laden des Gleichstrom-Akkus in Gleichstrom wandelt, können auch **Gleichstrom-Fehlerströme** entstehen. Deshalb ist ein Schutz vor Gleichstrom-Fehlerströmen ebenfalls nötig.

Unterschiede der Fehlerstromschutzschalter FI

◖ **Fehlerstromschutzschalter FI Typ A**
Dies ist ein Standard-Schutzschalter für die Hausinstallation, der bei Wechselstrom-Fehlerströmen den Stromfluss unterbricht. Aufgrund der hohen Stückzahlen und der technisch weniger aufwändigen Konstruktion ist der Typ A relativ preisgünstig.

◖ **Fehlerstromschutzschalter FI Typ B**
Dieser Schutzschalter bietet beides: Er erkennt sowohl alle Wechsel- als auch Gleichstrom-Fehlerströme und unterbricht in beiden Fällen sofort den Stromkreis. Daher wird er oft als „allstromsensitiv" bezeichnet. Da Wechselstrom einen anderen Signalverlauf (sinusförmig, pulsierend) hat als Gleichstrom beim Laden und Betrieb anderer Geräte (Signalverlauf ist eher linear, glatt), muss die Elektronik im Typ B weit aufwändiger konstruiert sein. Daraus resultiert der weit höhere Preis, zudem diese Variante auch deutlich geringere Stückzahlen erreicht.

◖ **Fehlerstromschutzschalter FI Typ A-EV**
Dieser Schutzschalter bietet wie der Typ B ebenfalls beides: Er erkennt sowohl Wechsel- als auch Gleichstrom-Fehlerströme und unterbricht in beiden Fällen sofort den Stromkreis.
Allerdings ist dieser Typ für die speziellen Fehlerströme beim Laden von Elektroautos (EV = Electrical Vehicles) ausgelegt und kann daher etwas günstiger hergestellt werden als der Typ B.

Die Preisspanne zwischen den verschiedenen Typen ist enorm: Sie können 50,- € für einen standardmäßigen Typ A ausgeben oder ab 400,- € für einen Typ B. Somit kann der FI der größte Kostenfaktor in der Hausinstallation sein.

In vielen Verkaufsprospekten von Ladestation-Anbietern ist dieser Kostenfaktor inzwischen ein heißes Thema: Nahezu alle Hersteller bieten Ausführungen mit integriertem DC- also Gleichstrom-Fehlerstromschutz an. Dieser macht dann den teuren FI Typ B überflüssig und es muss lediglich noch ein günstiger FI Typ A installiert werden. Das ist bei den Ladestations-Herstellern natürlich ein wichtiges Verkaufsargument und steht oft ganz oben.

Die Ladestationen mit integriertem DC-Schutz kosten allerdings gegenüber den Ausführungen ohne DC-Schutz etwas mehr, so dass sich immer eine Vergleichsberechnung lohnt. Beispiel siehe **„3.2.7 Beispielhafte Berechnung einer heimischen Ladestation mit Wallbox im Vergleich:**
Wallbox mit und ohne DC-Fehlerschutz" auf Seite 79.

Erst Ladestation auswählen, dann Elektriker beauftragen

TIPP!

Auf jeden Fall ist es praktisch und empfehlenswert, sich bereits vorher Gedanken zu machen, welche Ladestation am ehesten in Frage kommt. Die folgenden Abschnitte sollen Ihnen bei dieser Entscheidung helfen. Mit entsprechendem Infomaterial ausgerüstet, ist es auch für die Elektrofachkraft leichter, eine passende Installation auszulegen und zu kalkulieren.

Eine komplette, eigene Stromtankstelle besteht also aus zwei Komponenten: der Elektroinstallation und der Ladestation, an der man sein Fahrzeug anschließt. Beide müssen auch gemeinsam betrachtet werden.

Da beide Komponenten durchaus Einfluss aufeinander haben, möchte ich im Weiteren einige typische Szenarien darstellen und die technischen und finanziellen Unterschiede herausstellen.

Vermieter/Eigentümergemeinschaft fragen

Ein wichtiger Punkt soll hier noch angesprochen werden: da es sich bei der Elektroinstallation einer Ladestation um eine sog. „bauliche Veränderung" handelt, brauchen Sie das Einverständnis Ihres Vermieters oder der Miteigentümer.

Stehen Sie in einem guten Verhältnis zueinander, dann haben Sie hoffentlich Glück und es dürfte kein großes Problem darstellen. Sollte es allerdings anders sein, dann müssen Sie kämpfen. Ein Knackpunkt sind wie so oft die Kosten.

Sie sollten glaubhaft und am besten auch schriftlich bestätigen, dass Sie für alle Kosten im Zusammenhang mit Ihrer Ladestation aufkommen. Im Internet gibt es bereits bei verschiedenen Ladeinfrastruktur-Anbietern Vordrucke zum Download (siehe Anhang). Und falls nötig, müssen Sie auch für den Rückbau aufkommen, wenn Sie ausziehen. Ein gutes Argument dafür, dass Ihnen letzteres erspart bleibt, ist, dass es durch den Stromanschluss für die Ladestation ja künftige Mieter/Miteigentümer viel leichter haben, in die Elektromobilität einzusteigen.
Eine klare Aufwertung der Immobilie also.

Durch geschicktes Installationskonzept kann man jedoch die wichtigsten Komponenten, wie Wallbox und die Sicherheitseinrichtungen mit umziehen. Siehe **„3.2.6 Typische Installations-Szenarien mit Wallbox oder mobiler Ladestation" auf Seite 77**

Rechtliche Rahmenbedingungen werden sich ändern

Im aktuellen WEG (WohnungsEigentumsGesetz) gilt die Regel: bei einer baulichen Veränderung müssen alle Miteigentümer zustimmen. Es ist zwar in einem Fall die Ablehnung durch eine Eigentümerversammlung richterlich bestätigt worden, aber dadurch hat die zuständige Landesregierung auch erkannt, dass dies dem Ziel, Deutschland zum Vorreiter bei der Elektromobilität zu machen, entgegensteht.

So wird bereits an einem Gesetz gearbeitet, das die Installation einer Ladestation grundsätzlich ermöglicht.

Aktueller Stand 2019: Bundesjustizministerin Katarina Barley verspricht Eigentümern und Mietern die Errichtung von Ladestationen für Elektroautos zukünftig durch entsprechende Maßnahmen rechtlich zu erleichtern. Ein wichtiger Schritt in die richtige Richtung.

3.2.2 Welche Ladeleistung ist empfehlenswert?

Wie so oft, das kommt darauf an. Bevor ich aber alle möglichen Szenarien auflisten, möchte ich hier zusammenfassen, warum und wie ich mich entschieden habe.

1. Welches Ladegerät für Wechselstrom hat mein Elektroauto, oder mit welcher Leistung kann ich maximal laden?

   ✎ Mein Auto kann bis 22 kW AC laden.

2. Welche Leistung ist bei meinem Hausanschluss möglich?

   ✎ Der Hausanschluss könnte theoretisch 22 kW bereitstellen (400 V, 32 A), aber nur mit zusätzlichen Maßnahmen und Prüfungen der Hauselektrik.
   11 kW (400 V, 16 A) ist dagegen ohne Weiteres direkt ab meinem Zähler für meine Mietwohnung möglich.

3. Wie schnell soll das Elektroauto geladen sein – reicht es über Nacht, oder soll auch mal zwischendurch schnelles Nachladen möglich sein?

   ✎ Mein Auto soll in der Regel über Nacht laden können, aber auch mal zwischendurch, wenn z.B. abends noch ein Ausflug ansteht. Außerdem sollen für einen Notfall in kurzer Zeit ein paar Kilometer geladen sein können.

4. Wie ist die weitere Planung – soll bald ein neueres Elektroauto oder ein zweites folgen?

   ✎ Es ist zwar zur Zeit kein weiteres Auto geplant, aber man weiß ja nie...

5. Soll der Akku schonend geladen werden, oder ist das zweitrangig?

   ✎ Der Akku soll lange leben, denn ich möchte mein Elektroauto 10 Jahre fahren.

Meine Entscheidung: Ich habe mich aufgrund der genannten Prämissen für eine Ladeleistung von **11 kW** entschieden.

22 kW wäre zwar möglich gewesen. Aber ich wollte die Ladestation mit so wenig Aufwand wie möglich installieren lassen, um

⚡ dem Vermieter die positive Entscheidung für meine Ladestation zu erleichtern („Sie müssen sich um nichts kümmern. Es muss an der Elektrik nichts verändert werden und es kommen keine Kosten auf Sie zu."),

⚡ die Kosten in Grenzen zu halten,

⚡ und die Zeit für die Installation möglichst kurz zu halten.

Mit 11 kW kann ich nun in 2 bis 3 Stunden über Nacht voll laden. Oder innerhalb von 30 Minuten bis 40 km als Puffer nachladen.

Das Laden mit 11 kW ist genau die Hälfte des maximal Möglichen und somit für den Akku weitaus schonender als immer mit 22 kW zu laden.

Bei der Auswahl der Ladestation (in meinem Fall eine Wallbox, aber dazu später mehr) war mir wichtig, dass sie nicht nur 11 kW kann, sondern die **Leistung flexibel einstellbar** ist. Denn so kann ich einerseits die Ladeleistung drosseln, um ab und zu noch schonender zu laden, oder ein anderes Fahrzeug, das nur eine niedrigere Leistung verträgt. Auf der anderen Seite bietet meine Wallbox auch 22 kW, womit der Weg nach oben offen ist: falls doch mal ein Elektroauto mit größerem Akku folgt, oder bei einem anderen Wohnumfeld andere Möglichkeiten bestehen.

3.2.3 Fest montierte, stationäre Ladestation (Wallbox)

Die meisten Hersteller empfehlen als heimische Elektrotankstelle eine Wallbox. Und dies hat durchaus seine Berechtigung. Denn eine Wallbox hat eine Reihe Vorteile:

⚡ Ladeleistung bis 11 kW (optimale Ausnutzung der Standard-Hauselektrik mit 3-phasigem Wechselstrom (400 V/16 A)

⚡ Laden mit Mode 3 (Sicheres Laden: Strom fließt nur, wenn Elektroauto angeschlossen ist, verriegelter Ladestecker)

⚡ Steckanschluss bereits als Typ 2 oder alternativ auch Typ 1 ausgeführt

⚡ Hoher Bedienungskomfort (hierzu unten mehr)

Hoher Bedienungskomfort

Je nachdem, ob eine Wallbox mit passendem Stecker bzw. Buchse oder mit integriertem Ladekabel ausgestattet ist, ergeben sich Unterschiede beim Handling, aber auch bei der Funktionalität.

Einfache Bedienung bei Wallbox mit Ladebuchse:

1. Mitgeliefertes Ladekabel aus Kofferraum holen,

2. In Wallbox und Auto stecken

3. Ladevorgang starten (beide Stecker werden verriegelt, Kabel kann also nicht entfernt oder gar entwendet werden)

4. Nach Ladevorgang Ladekabel wieder abstecken und in Kofferraum verstauen

Wichtig: Ladebuchse muss zum Fahrzeug passen und Elektroautos mit anderen Ladesystemen können hier über Adapter geladen werden (z.B. Typ 2 direkt und Typ 1 über Adapterkabel).

Einfachste Bedienung bei Wallbox mit festem Ladekabel:

1. Ladekabel in Auto stecken

2. Ladevorgang starten (Stecker am Auto wird verriegelt, Ladevorgang kann nicht von Fremden unterbrochen werden;)

3. Nach Ladevorgang Ladekabel wieder abstecken und bei Wallbox einhängen

Wichtig: Ladekabel muss zum Fahrzeug passen und Elektroautos mit anderen Ladesystemen können hier nicht geladen werden (z.B nur Typ 2).

Inwischen gibt es eine ganze Reihe Wallboxen von verschiedenen Herstellern, die sich durch Design, Größe, aber auch technischen Besonderheiten unterscheiden können. Dies betrifft vor allem die integrierten Sicherheitseinrichtungen, wie z.B. DC-Fehlerstromerkennung, die einen teuren FI Typ B überflüssig machen kann. Hier erhalten Sie eine Auswahl einiger gängigen Wallboxen für daheim (ohne Anspruch auf Vollständigkeit). Besonderes Augenmerk liegt auf den Eigenschaften, die für die hausseitige Installation und Bedienung relevant sein können. Weitere Informationen können Sie den Internetseiten oder den zum Download bereitgestellten Broschüren der Hersteller entnehmen. Internetadressen mit QR-Code siehe Anhang.

Tab. 8: Übersicht Wallboxen (beispielhafte Auswahl)

Hersteller	Modell/ca. Preis/ ca. Maße (BxHxT)	Bild	Leistung	DC-Schutz	Optionen/ Bedienung
KEBA	KeContact P30 b Mit Ladesteckdose Typ 2/Typ 1 ab 939,- € 240 x 495 x 163 mm		Typ 1: 3,7 kW bis 7,4 kW (1-phasig) Typ 2: 3,7 kW bis 22 kW (1 bis 3-phasig)	• ja • FI Typ B nicht nötig • ZE-Ready	• Separates Ladekabel nötig • Zugangssperre über Schlüssel oder RFID möglich • IP 54
	KeContact P30 b Mit integriertem Ladekabel Typ 2/Typ 1 ab 999,- € (RFID 1249,- €) 240 x 495 x 163 mm		variabel über DIP-Schalter einstellbar	• ja • FI Typ B nicht nötig • ZE-Ready	• Einfachste Bedienung durch integriertes Ladekabel • Zugangssperre über Schlüssel oder RFID möglich • IP 54
ABL Sursum	eMH1, EVSE 502 Mit Ladesteckdose 1024,- € 221 x 272 x 116 mm		Typ 1: • 3,7 kW • 7,2 kW (1-phasig) Typ 2: • 3,7 kW • 11 kW • 22 kW (1 bis 3-phasig) jeweils separate Ausführung	• ja • FI Typ A integriert • FI Typ B und A nicht nötig	• Separates Ladekabel nötig • Zugangssperre über RFID möglich (separatesZubehör nötig) • IP 54
	eMH1, EVSE 553 Mit integriertem Ladekabel 1024,- € 221 x 272 x 116 mm				• Ladekabel integriert • Zugangssperre über RFID möglich (separatesZubehör nötig) • IP 54
Mennekes	AMTRON® Light 11 C2 1341201 Mit integriertem Ladekabel ab 1399,- € 260 x 475 x 220 mm		Typ 1: 3,7 kW bis 7,4 kW (1-phasig) Typ 2: 4,2 kW bis 11 kW (1 bis 3-phasig) variabel über DIP-Schalter einstellbar	• ja, FI Typ B integriert • LS integriert • ZE-Ready	• Ladekabel integriert • Zugangssperre über Schlüssel möglich • IP 54

Hersteller	Modell/ca. Preis/ ca. Maße (BxHxT)	Bild	Leistung	DC-Schutz	Optionen/ Bedienung
wallbox	pulsar NEU: pulsar PLUS ab 830,-€ 166 x 163 x 82 mm		Typ 1: 3,7 kW bis 7,4 kW (1-phasig) Typ 2: 4,2 kW bis 22 kW (1 bis 3-phasig) variabel über Dreh-Schalter und APP einstellbar	• nein • FI Typ B oder A-EV nötig PLUS-Version: • ja • FI Typ B nicht nötig • ZE-Ready	• Ladekabel integriert • Zugangssperre über APP möglich • Steuerung und Verbrauchsinfo über Smartphone-APP möglich • IP 54
	commander 1190,-€			• nein • FI Typ B oder A-EV nötig	• Ladekabel integriert • Zugangssperre, Steuerung und Verbrauchsinfo über integrierte-APP/ Screen direkt an wallbox möglich • IP 54
Schneider electric	EVLink Mit integriertem Ladekabel 900,- € 330 x 480 x 170 mm			• nein • FI Typ B oder A-EV nötig	• Ladekabel integriert • Zugangssperre über Schlüssel oder RFID möglich • IP 54

Erklärung/Bewertung der wichtigsten Eigenschaften aus **Tab. 8**:

⚊ **Modell**: Aufgrund der zum Teil vielfältigen Varianten und Ausstattungsoptionen kann hier nur eine Beispielkonfiguration dargestellt werden, die prinzipiell in Frage kommen kann.

⚊ **Preisbeispiele**: Nicht alle Hersteller bieten UVPs, da der Vertrieb indirekt über den Handel geht, der eine gewisse Flexibilität behalten soll. Da die Preise je nach Anbieter und Angebot stark schwanken können, habe ich überlegt, ob ich überhaupt Preise angeben will. Damit Sie wenigstens eine ungefähre Vorstellung bekommen, habe ich mich entschieden es zu tun. Die hier genannten Preise bitte jedoch nur als unverbindliche Orientierung verstehen und bei Bedarf den aktuellen Preis im Handel ermitteln.

⚊ **Maße (Breite x Höhe x Tiefe)**: Je nach vorhandenem Raum für eine Wallbox kann die Größe durchaus ein Entscheidungskriterium sein, weshalb hier die Maße des Gehäuses in mm aus den offiziellen Technischen Daten angegeben sind.

- **Leistung**: Alle hier vorgestellten Wallboxen bieten für Typ 1, 1-phasig maximale Leistung und für Typ 2, 3-phasig eine Leistung von mindestens 11 kW.

- **DC-Schutz:** „ja" bedeutet, dass in der Wallbox eine Gleichstrom-Fehlerstromerkennung integriert ist, was einen teuren FI-Typ B bzw. Typ A-EV überflüssig macht. Auch andere integrierten Schutzeinrichtungen werden in dieser Spalte aufgeführt, so dass man einschätzen kann, welcher zusätzliche Schutz in der hausseitigen Elektroinstallation nötig sind.

- **ZE-Ready:** interne Norm des KFZ-Herstellers Renault, die bestimmte sicherheitsrelevante Bedingungen für die Elektroinstallation vorschreibt, wie z.B. einen obligatorischen DC-Fehlerstromschutz.

- **Zugangssperre über Schlüssel**: Falls das Fahrzeug in einer öffentlichen Tiefgarage steht, können Sie so verhindern, dass unautorisierte Fremdlader Ihren Strom ziehen. Einfache und relativ kostengünstige Sperrmöglichkeit.

- **Zugangssperre über RFID-Karte**: RFID (engl. Radio-Frequency Identification Device) wird für gewöhnlich zur kontrollierten Autorisierung öffentlicher Ladestationen eingesetzt. Im privaten Bereich kann RFID Sinn machen, um sich eine Ladestation mit anderen zu teilen oder den Zugang zu schützen.

- **Zugangssperre elektronisch (über APP)**: Identifizierungsmöglichkeit durch Einrichten von Usern mit Passwort auf Smartphone oder Tablet.

- **IP xx:** Der IP-Code (International Protection Code) zeigt die Schutzklasse gegen Einwirkung von Fremdkörpern und Flüssigkeiten an. IP 54: Staub- und Spritzwassergeschützt (gegen Regen), kann also auch außen angebracht und betrieben werden.

3.2.4 Mobile Ladestation

Mobile Ladestationen versprechen die universelle Unabhängigkeit beim Laden.

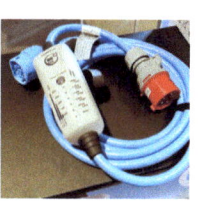

Hauptargumente für mobile Ladestationen:
- ✔ Aufladen an jedem haushaltsüblichen Stromanschluss
- ✔ Auch Schnellladen bis 22 kW an CEE-Starkstrom-Industrie-steckdosen möglich
- ✔ Unabhängig von öffentlicher Ladeinfrastruktur
- ✔ Kontrolliertes Laden durch im Kabel integrierte In-Cable-Control-Box (ICCB)
- ✔ Sicheres Laden durch integrierten FI-Schalter mit B-Charakteristik (nicht bei allen Modellen!)

Vor allem das Argument, dass es bereits viele CEE-Dosen gibt und man vom Ausbau öffentlicher Ladeinfrastruktur unabhängig ist, finden viele überzeugend. So hat sich in der Zeit, als es noch kaum spezielle Ladestationen gab, eine regelrechte Community gebildet, die quasi parallel ein privates Drehstromnetz ins Leben gerufen hat:

www.drehstromnetz.de

Die Idee ist, dass jeder der bereits eine CEE-Dose hat oder eine „Drehstromkiste" installiert, die allen Mitgliedern rund um die Uhr zur Verfügung steht, selbst Mitglied werden kann. Man erhält dann eine Liste mit den „Ladehalten" aller Mitglieder.

Die Argumente für eine mobile Ladestation klingen ganz gut und auch ich habe zunächst damit geliebäugelt. Doch wie sagt man so schön: wo Licht ist, ist auch Schatten, wobei dieser individuell recht unterschiedlich ausfallen kann:
- ✔ Laden an Haushaltsnetz mit 230 V uninteressant
- ✔ Auch CEE-Steckdosen sind nicht ohne Weiteres zu finden, verfügbar und ausreichend leistungsfähig (32 A-CEE für 22 kW nötig)
- ✔ Die Teilnahme am Drehstromnetz.de war für mich nicht möglich, da der Zugang in der Tiefgarage des Mietshauses nicht jederzeit und unabhängig machbar war.

↗ CEE-Stecker ist jederzeit (mutwillig) auch während des Ladens bei fließendem Starkstrom abziehbar

↗ CEE-Dosen sind je nach Leistung unterschiedlich groß: mehrere Adapterkabel nötig, die Platz im Kofferraum verbrauchen

↗ Kein Preisvorteil gegenüber Wallbox

↗ Öffentliche Ladeinfrastruktur wächst rasant (Typ 2, CCS)

Tab. 9: Übersicht mobile Ladestationen (beispielhafte Auswahl)

Hersteller	Modell	Bild	Leistung	DC-Schutz	Optionen/ Bedienung
Dini Tech	NRGKick		CEE<->Typ 1: 3,7 kW bis 7,4 kW (1-phasig) CEE<->Typ 2: 3,7 kW bis 22 kW (1 bis 3-phasig) variabel über Bedientaste einstellbar	• ja • FI Typ B nicht nötig • ZE-Ready	• Über Adapter auch an anderen Standardsteckdosen anschließbar • Ausführung mit Bluetooth: Überwachung mit Smartphone möglich • IP 54
Juice	Juice Booster 2		CEE<->Typ 1: 3,7 kW bis 7,4 kW (1-phasig) CEE<->Typ 2: 3,7 kW bis 22 kW (1 bis 3-phasig) automatische Erkennung des max. Ladestroms, manuell über Bedientaste reduzierbar	• ja • FI Typ B nicht nötig • ZE-Ready	• Über Adapter auch an anderen Standardsteckdosen anschließbar • Zugangssperre über Schlüssel oder RFID möglich • IP 65
Mister EV	Maxicharger			• nein • FI Typ B oder A-EV nötig	• Über Adapter auch an anderen Standardsteckdosen anschließbar • IP 54
eStation	EVR1/EVR3			• nein • FI Typ B oder A-EV nötig	

Meine Entscheidung: Schließlich habe ich mich dann doch für eine fest installierte Wallbox entschieden. Wobei die wichtigsten Kriterien für mich folgende waren:

1. Da meine Ladestation in einer für alle Mietparteien mit Kindern zugänglichen Tiefgarage installiert werden sollte, musste das Verriegeln der Stecker gewährleistet sein.

2. Auf meinen persönlichen Strecken gibt es inzwischen ausreichend viele öffentliche Ladestationen (auch kostenlose) und ich habe zu allen einen Zugang.

Für Viele kann eine mobile Ladestation dennoch eine interessante Alternative zu einer Wallbox sein.

Auch für die Entscheidung der eigenen Ladelösung gilt: man muss prüfen, welche Lademöglichkeit gemäß den persönlichen Bedingungen und dem individuellen Bedarf am besten geeignet ist.

3.2.5 Konzept für eine Ladestation, die man bei einem Umzug mitnehmen kann

Da ich als Mieter in einem Mietshaus wohne, habe ich mich gefragt: muss ich jetzt bei einem Umzug immer eine komplette Neuinstallation einplanen oder kann man eine Ladestation nicht so konzipieren, dass diese genauso mit umziehen kann, wie wir es von anderen Einrichtungen lange gewohnt sind.

Und siehe da, man kann: Man muss nur die wichtigsten Komponenten in transportable Einheiten bündeln und schon kann man diese (fast) genauso behandeln wie eine Wandleuchte oder einen Elektroherd.

Und so sieht die Lösung aus:

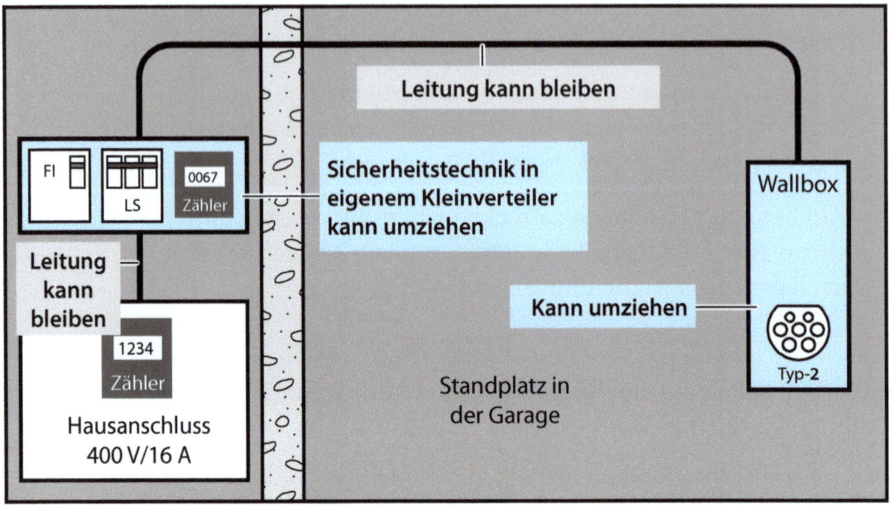

FI

LS

0067
Zähler

Leitung kann bleiben

Sicherheitstechnik in eigenem Kleinverteiler kann umziehen

Wallbox

Leitung kann bleiben

1234
Zähler

Hausanschluss
400 V/16 A

Kann umziehen

Standplatz in der Garage

Typ-2

Bild 8: Ladestation mit umziehbaren Hauptkomponenten (Grafik: ELu)

Der eigentliche Trick ist, die wichtigen und teuren Sicherheits-komponenten in einem **eigenen Kleinverteiler** zusammenzufassen, statt diese in den vorhandenen Hausverteiler einzubauen. Ein Kleinverteiler ist recht günstig (siehe **3.2.7**) und kann mit 2 Schrauben neben dem Hausverteiler befestigt werden.

Die Wallbox ist ohnehin eine geschlossene Einheit und kann komplett demontiert werden.

Somit kann man bei Umzug den Kleinverteiler und die Wallbox mitnehmen. Die verlegten Leitungen fallen kostenmäßig kaum ins Gewicht, so dass man sie für den Nachmieter drin lassen kann. Vielleicht kommt es ja mal so weit, dass dies eine gängige Praxis wie bei anderen Sachen wird – mit oder ohne Ablöse.

Hinweis: das Abklemmen muss eine Elektrofachkraft machen.

3.2.6 Typische Installations-Szenarien mit Wallbox oder mobiler Ladestation

Nachdem die verschiedenen Lademöglichkeiten im Einzelnen vorgestellt sind, möchte ich nun einige typische Installationen in der heimischen Garage im Zusammenhang darstellen. So können Sie sich auf einen Blick ein Bild darüber machen, welcher Umfang und welche Komponenten in Abhängigkeit von der Ladestation nötig oder zumindest empfohlen sind.

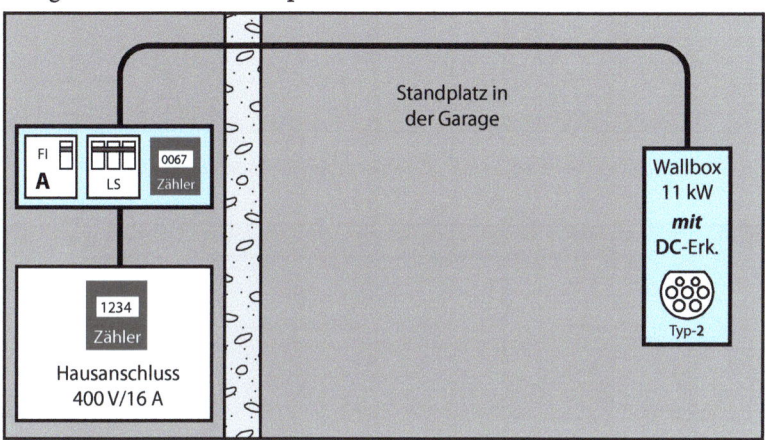

Bild 9: Installation bei Wallbox *mit* DC-Fehlerstromerkennung

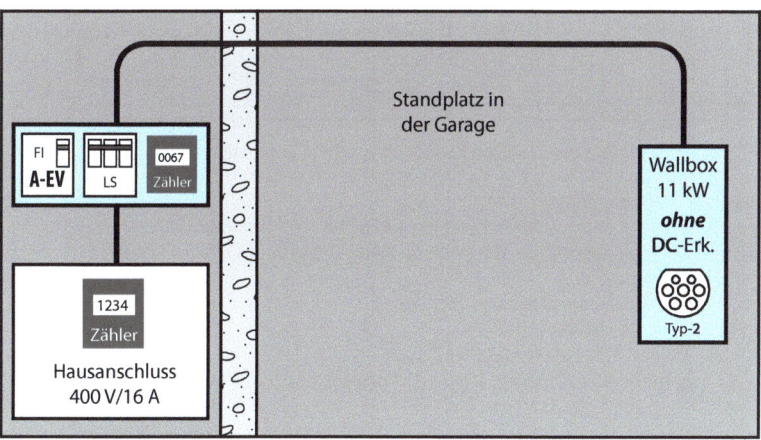

Bild 10: Installation bei Wallbox *ohne* DC-Fehlerstromerkennung (meine Version)

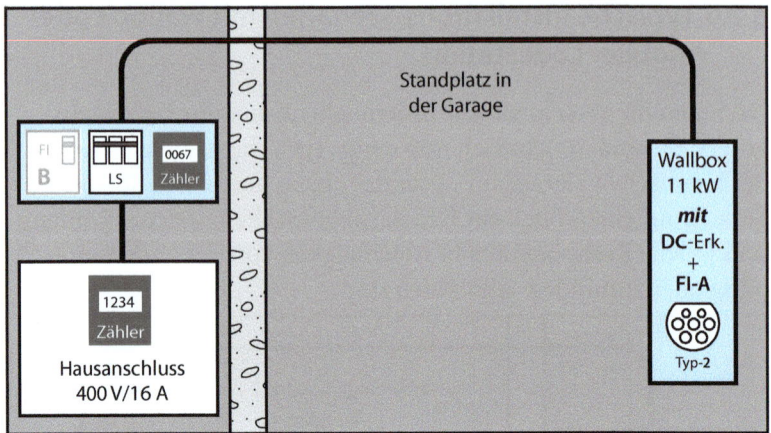

Bild 11: Installation bei Wallbox *mit* DC-Fehlerstromerkennung *und* FI Typ A

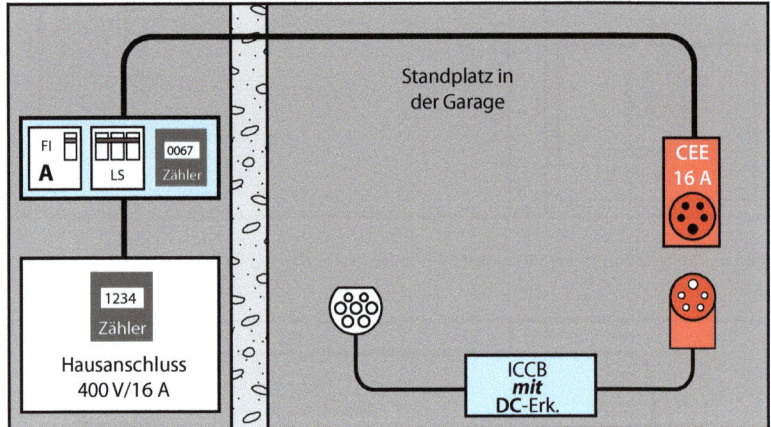

Bild 12: Installation bei mobilem Ladegerät *mit* DC-Fehlerstromerkennung

Was die Grafiken zeigen:
- Links in Grafik unten: vorhandener Hausanschluss mit bestehendem Zähler
- Links in Grafik oben: Neue, hausseitige Installation für das Elektroauto in Kleinverteiler:
  - FI A, A-EV, B: Fehlerstromschutzschalter
  - LS: Leitungsschutzschalter
  - Zähler: Separater, elektronischer Zähler
- ICCB: In mobilem Ladekabel integrierte Kontroll- und Schutzeinrichtung

3.2.7 Beispielhafte Berechnung einer heimischen Ladestation mit Wallbox im Vergleich: Wallbox *mit* und *ohne* DC-Fehlerschutz

€ Berechnung des Installationsbeispiels
→ „Bild 9: Installation bei Wallbox mit DC-Fehlerstromerkennung" auf Seite 77

Ladestation: Wallbox

1. Ausstattung der Wallbox
   a. Leistung: 11 kW
   b. Integrierter DC-Fehlerstromschutz: **ja**

2. Preis Wallbox ca.   1100,-

Kosten für Hausinstallation

3. Komponenten
   a. Leitung 10 m   30,-
   b. Installationsrohr/Schellen 10 m   60,-
   c. Kleinverteiler   30,-
   d. LS-Schalter   50,-
   e. Zähler   80,-
   f. FI Typ A   50,-
   g. Summe Hausinstallation   300,-

4. Arbeitslohn
   a. Verlegung, Anschluss, Prüfung (kann hier nur grober Anhaltspunkt sein)   500,-

5. Gesamtkosten der heimischen Ladestation   **1900,-**

€ **Berechnung des Installationsbeispiels**
„Bild 10: Installation bei Wallbox ohne DC-Fehlerstromerkennung (meine Version)" auf Seite 77

Ladestation: Wallbox

1. Ausstattung der Wallbox
   a. Leistung: 11 kW
   b. Integrierter DC-Fehlerstromschutz: **nein**
2. Preis Wallbox ca.   900,-

Kosten für Hausinstallation

3. Komponenten

a. Leitung 10 m	30,-		
b. Installationsrohr/Schellen 10 m	60,-		
c. Kleinverteiler	30,-		
d. LS-Schalter	50,-		
e. Zähler	80,-		
f. FI Typ B	400,-	FI Typ A-EV	300,-
g. Summe Hausinstallation	650,-		550,-

4. Arbeitslohn
   a. Verlegung, Anschluss, Prüfung (kann hier nur grober Anhaltspunkt sein)   500,-

5. Gesamtkosten der heimischen Ladestation   **2050,-**   **1950,-**

Fazit

Unterm Strich ist der Abstand zwischen Wallboxen mit oder ohne DC-Erkennung nicht so groß, wie oft behauptet. Der Mehraufwand für einen FI-Typ B oder den etwas günstigeren FI-Typ A-EV wird zum größeren Teil durch die meist deutlich niedrigeren Kosten einer Wallbox ohne integrierten DC-Schutz kompensiert. Man kann sich bei der Entscheidung auf andere Eigenschaften, wie Design, Ausstattung, mit oder ohne festes Kabel, Größe etc. konzentrieren. Jedenfalls sollte man für die eigene Ladestation rund 2000,- € einkalkulieren.

3.3 Ladestationen unterwegs

3.3.1 Kostenlose Ladestationen

Viele Marketingstrategen verschiedener Unternehmen haben erkannt, dass Elektromobilität genauso wie das Thema „BIO" zu einer neuen Aufwertung des eigenen Images beitragen kann. Daher bauen Discounter, wie ALDI, LIDL und andere auf den Parkplätzen vieler Filialen Schnellladestationen für alle gängigen Ladesysteme (AC Typ 2, CCS, ChadeMo), die sogar überwiegend mit selbst erzeugtem Strom aus den Photovoltaikanlagen auf den Dächern der Märkte gespeist werden.

Bild 13: Frei zugängliche, kostenlose Schnellladestation eines Discounters

Diesem Trend schließen sich auch Non-Food-Konzerne wie IKEA an und rüsten ebenfalls immer mehr Märkte mit kostenlosen Schnellladestationen aus.

Dass diese Lademöglichkeiten inzwischen für das Laden zwischendurch angenommen werden, zeigt sich in regen Blogbeiträgen z.B. auf „GoingElectric", die auf neu eingerichtete Lademöglichkeiten hinweisen.

Es ist ja auch so praktisch: entweder man will ohnehin etwas einkaufen und kann nebenbei die Zeit zum Laden nutzen – je nach Einkaufsvorhaben ist ja eine halbe oder gar eine Stunde schnell um. Oder man braucht zwischendurch auf einer längeren Strecke eine Ladepause und kann diese gleich mit einem Bummel oder einer Pause im Café oder Restaurant verbinden. So muss man nicht irgendwo im Nirgendwo laden und kann sich selbst und dem Auto Energie gönnen.

A propos Nirgendwo: endlich erfolgt auch ein Umdenken, wo die Ladestationen stehen sollten. Das sinnvolle Nutzen der Ladepause gerät in den Fokus und es gibt dafür auch schon einen Namen: Ladeweile.

Doch nicht nur Unternehmen, sondern auch Städte konkurrieren untereinander mit einem umweltfreundlichen und fortschrittlichen Image und stellen ihrerseits kostenlose Ladestationen auf. Manche Gemeinden arbeiten zusammen und schließen sich zu einem Ladenetzverbund zusammen. Der Platz für solche Stationen ist oft auf Parkplätzen oder in Parkhäusern in Innenstadtlagen, um Einzelhandel und Kultur zu unterstützen. Leider wird dies aus meiner Sicht nur unzureichend öffentlich publik gemacht und beworben. Der Eintrag in die einschlägigen Netzwerk-Suchmaschinen (siehe nächster Punkt) wird leider auch manchmal vergessen. Es kann sich also lohnen, selbst bei der eigenen Gemeinde oder bei der Nachbargemeinde nachzufragen.

Schon aus statistischen Gründen, und um die Finanzierung von Ladeinfrastruktur aus der öffentlichen Hand rechtfertigen zu können, bieten diese Stationen zwar kostenloses Laden, sind allerdings meist nicht frei zugänglich. Es bedarf in der Regel einer spezifischen RFID-Karte, die man bei der jeweiligen Stadtverwaltung beantragen muss. Es ist in der Regel nicht nötig, Einwohner der Stadt zu sein (wäre auch unklug, da man ja gerade für die Umgebung attraktiv sein will). Selbst wenn man nur ab und zu in der Stadt verweilt, lohnt sich der Aufwand mit dem Antrag. Schließlich bekommt man als Bonus zusätzlich einen kostenlosen Parkplatz.

Bild 14: Kostenlose, städtische Ladestationen unter Marktplatz (Zugang über spezifische RFID-Karte)

Wie man kostenlose Ladestationen findet

Der erste Anlaufpunkt, um Ladestationen zu finden, ist natürlich das Internet. Es gibt inzwischen eine ganze Reihe Ladestation- bzw. Ladenetzwerk-Suchmaschinen, wobei viele von den großen, kostenpflichtigen Ladenetzwerken betrieben werden und somit ihre eigenen Stationen im Fokus stehen (hierzu im folgenden Kapitel mehr).

Aldi (Süd), Lidl und andere bieten in ihren eigenen Filial-Suchma- schinen inzwischen eine Auswahloption für Ladestationen. Z.B.:

↗ **http://filialfinder.aldi-sued.de/Presentation/AldiSued/ de-de/Start**

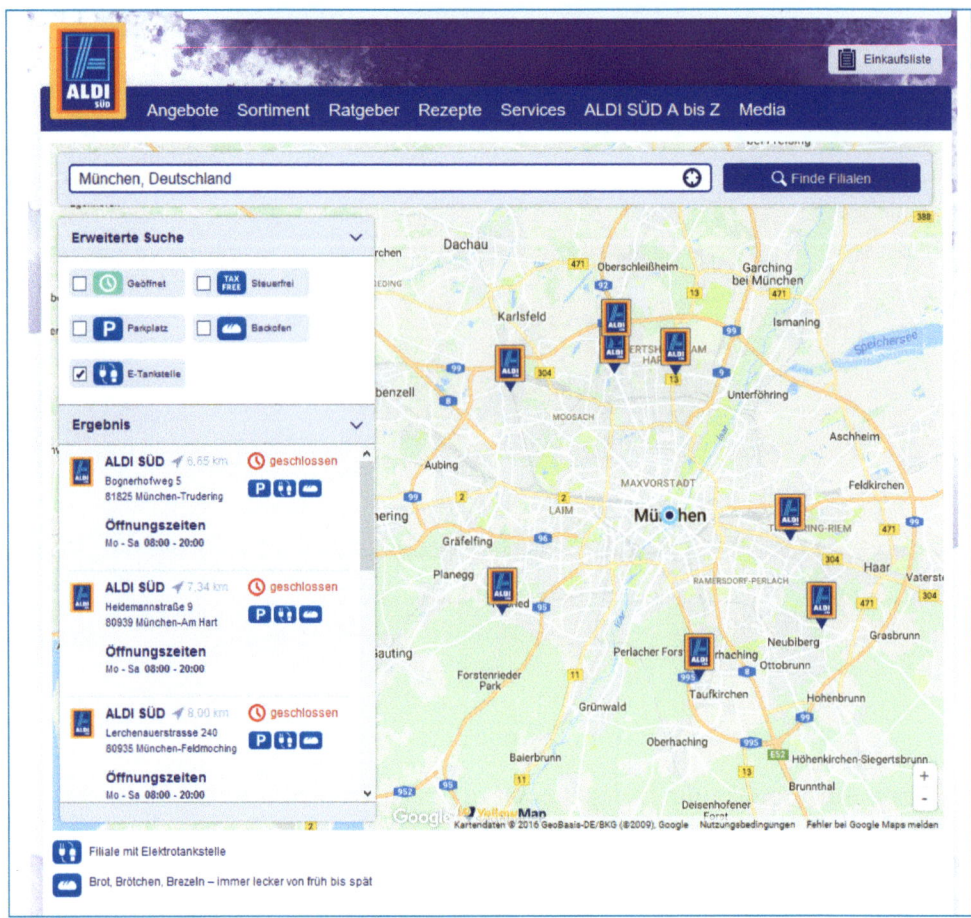

Bild 15: Auswahlfilter "E-Tankstelle" im Aldi Süd-Filialfinder

Es werden auch zusätzliche Parameter angegeben, wie die offiziellen Öffnungszeiten, die eigentlich auch für die Ladestationen gelten. Es gibt aber Berichte, dass z.B. auch sonntags laden möglich sein soll, zumindest während der Sonnenstunden. Zu solchen Details ist bereits ein reger Forum-Austausch entstanden.

Weitere kostenlose Ladestationen findet man am besten hier:

⤢ https://www.goingelectric.de/stromtankstellen/

Wie fast zu jedem Thema erste Adresse; mit Auswahlfiltern über den Button „Optionen" lassen sich sogar ausschließlich kostenlose Stationen und Stationen bekannter, lokaler Ladeverbünde anzeigen:

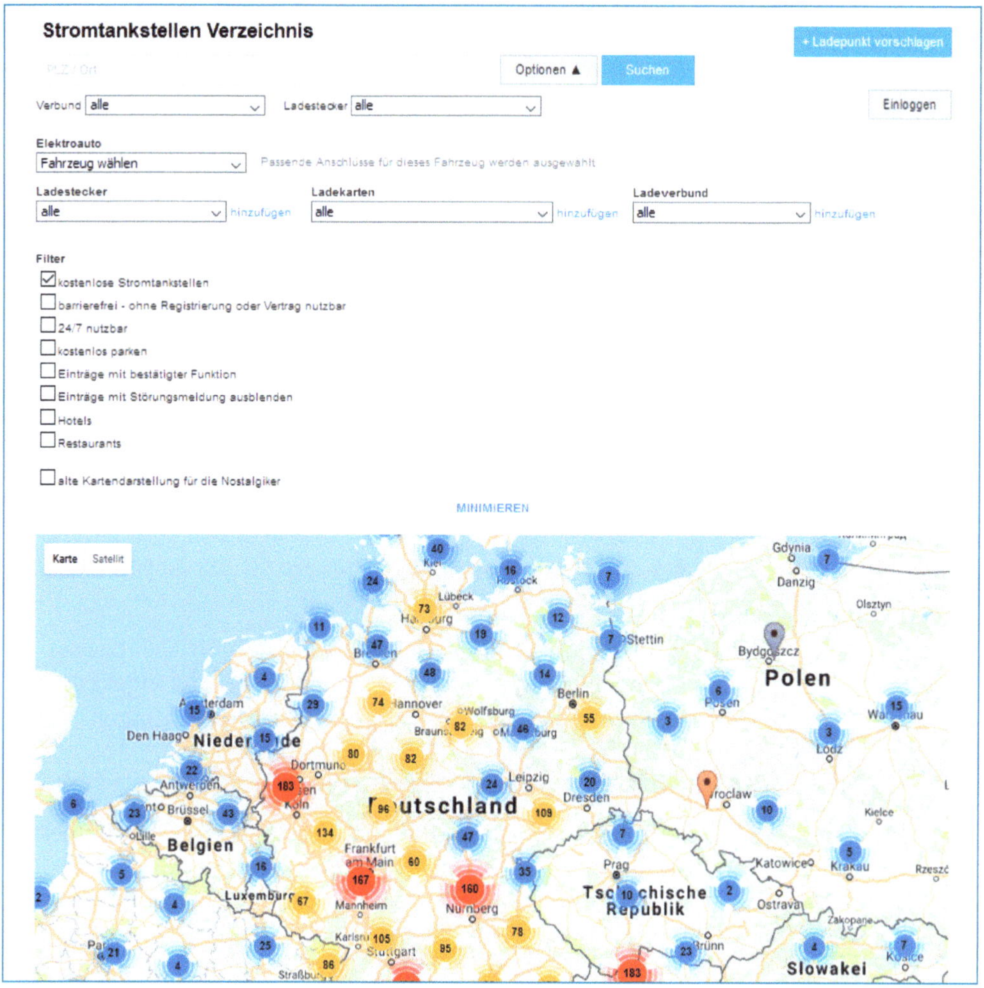

Pic. 16: Auswahlfilter "Kostenlose Stromtankstellen" unter "www.goingelectric.de/stromtankstellen/"

Eine der größten unabhängigen Datenbanken, die auch gerne von lokalen Intitiativen, Stadt- und Gemeindeverbünden genutzt wird:

🖋 **https://www.lemnet.org/de/**

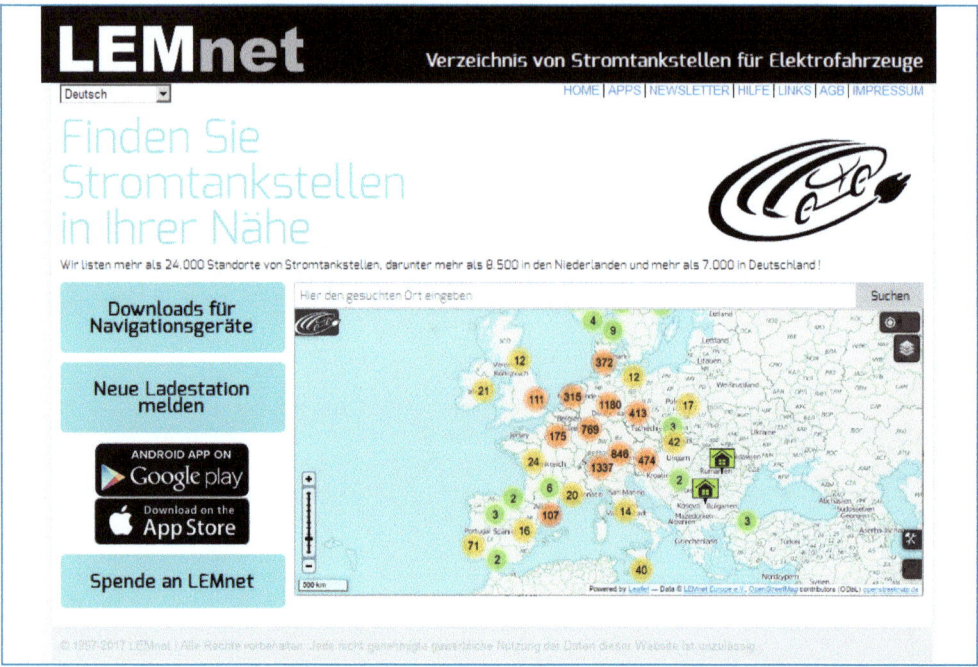

Pic. 17: Viele Ladestationen sind im "LEMnet" zu finden, das auch als APP verfügbar ist.

Leider sind wie gesagt auch hier nicht alle zu finden, so dass es sich lohnen kann, auf den lokalen Internetseiten der eigenen Gemeinde oder auch gleich vor Ort im Rathaus nachzufragen.

Kostenloser Zugang nicht immer offensichtlich

Manchmal sieht man auch zufällig eine Ladestation und im besten Fall steht auf dieser, wie man an den Strom drankommt. Auch das ist leider nicht immer gewährleistet. Hier lohnt sich zunächst die gezielte Suche über mehrere Suchmaschinen. Nicht zu finden? Dann gehört diese mit hoher Wahrscheinlichkeit der Gemeinde, also dort nachfragen. Oder: Man findet die Station zwar, aber nur mit einer Telefonnummer oder Mail-Adresse. Nicht aufgeben: Anrufen oder Mail schreiben. Sie werden staunen, welche Möglichkeiten sich ergeben können.

Bild 18: Scheinbar kostenpflichtige Ladestation in öffentlicher TG ohne Infos zu kostenloser Lademöglichkeit

3.3.2 Zahlungspflichtige Ladestationen

Immer wieder wird behauptet und beklagt, dass es für den Durchbruch der Elektromobilität an Ladestationen mangelt. Das Ladenetz sei viel zu lückenhaft, um die „Reichweitenproblematik" zu kompensieren. In den letzten 3 Jahren hat sich jedoch eine Menge getan, so dass diese Behauptungen nicht mehr haltbar sind.

3.3.3 Mit wenigen Roamingpartnern überall laden

Weitere Behauptung: selbst wenn man eine freie Ladestation gefunden hat, bedeutet das nicht, dass man dort auch laden kann. Aufgrund der vielen verschiedenen Betreiber bräuchte man unzählige Verträge und Ladekarten.

Das war mal. Denn es gibt inzwischen immer mehr sogenannte Roamingpartner oder Ladeverbünde, die einen einheitlichen Lade- und Bezahlservice als Dienstleistung für viele Betreiber bieten. Darunter haben sich neben den bisherigen, großen Dienstleistern, wie **Shell Recharge (NewMotion unter dem Dach von Shell), PlugSurfing und Hubject (Intercharge) weitere Anbieter** etabliert bzw. sind relativ neu auf dem Markt.

Empfehlenswert mit transparenten Preismodellen, eigenen Apps und RFID-Karten sind zum Beispiel:

- **EnBW Mobility+** (Bemerkenswert: der **ADAC** bietet über EnBW eine eigene, kostenlose Ladekarte für Mitglieder mit Sonderkonditionen an)
- **eins E-Mobil** (Relativ neues Angebot aus Sachsen, das aber einen einheitlich günstigen Preis für AC/DC-Laden an über 57000 Ladepunkten in Europa bietet.)

Alle aufzuzählen würde den Rahmen dieses Buches sprengen. Einen guten, umfassenderen Überblick bietet die Zeitschrift Elektroautomobil in der Ausgabe 01/2020 sowie die Internetseite **https://www.energieheld.de/mobilitaet/elektroauto/ladekarten**.

Große KFZ-Zulieferer, wie **BOSCH** haben ebenfalls diesen Markt entdeckt und bieten ihrerseits einen Roamingservice an. Dabei locken sie Kunden, indem sie für Autobesitzer bevorzugter Marken Sonderpreise fürs Laden versprechen.

Bei fast allen Anbietern kann man sich kostenlos anmelden, hinterlässt seine bevorzugte Zahlungsweise und erhält eine persönliche Ladekarte bzw. RFID-Chip für den Schlüsselanhänger. Damit kann man an allen Partnerstationen laden. Zusätzlich ist auch das Laden per APP möglich. Die Rechnung erhält man für alle Ladevorgänge zusammen über den Roamingpartner meist einmal im Monat. Über den hauseigenen Service „Intercharge" bietet Hubject an vielen Ladestationen auch die Möglichkeit, mit dem Smartphone direkt zu laden. Hierzu wird ein QR-Code, der auf der Ladestation angebracht ist, gescannt und anschließend kann man direkt den Ladevorgang starten und bezahlen.

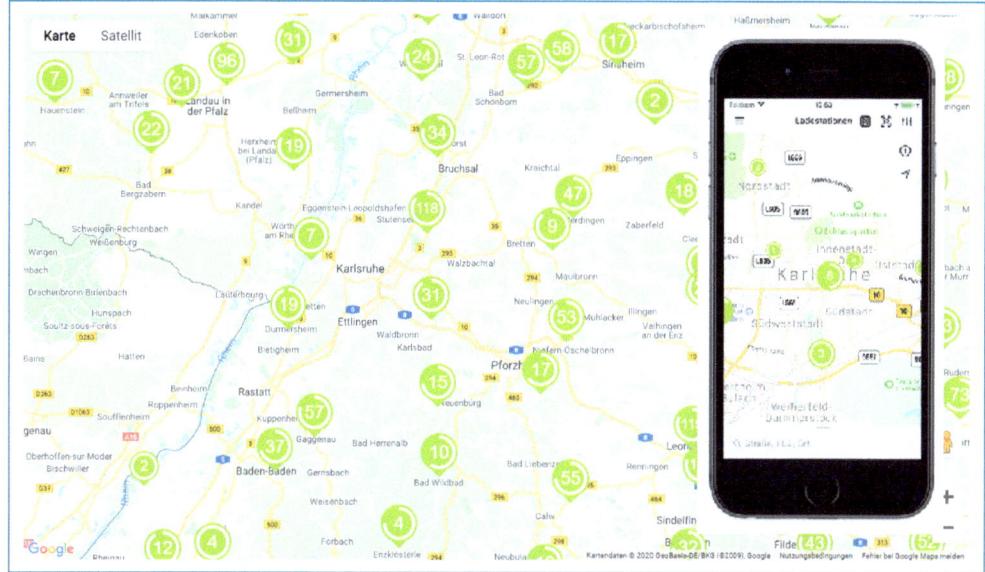

Pic. 19: Hauseigene Suche erfolgt heutzutage fast nur noch über eine APP.

Alle Roamingfirmen bieten für ihre Ladestationen im Verbund hauseigene Suchmaschinen per APP. Immer seltener auch übers Internet am PC (beispielsweise bot NewMotion mal diese Option, was ich an dieser Stelle in der letzten Auflage noch abgebildet hatte; nun ein Beispiel von EnBW).

Fazit: Mit zwei bis vier Roamingpartnern kann man nahezu überall laden.

Empfehlenswert ist auf jeden Fall ein Smartphone mit Datenvertrag. Im Bedarfsfall kann man dann direkt vor Ort noch eine APP installieren, sich anmelden und laden.

TIPP!

3.3.4 Regionale Ladeverbünde und Initiativen

Neben den großen, bundesweit agierenden Roaming-Organisationen haben sich lokale Ladeverbünde gebildet, die den Ausbau der Elektromobilität in ihrer Umgebung voran bringen wollen. Oft basieren diese auf private Initiativen, die zum Beispiel den oft vernachlässigten ländlichen Raum elektromobil einbinden und stärken möchten. Insbesondere Ferienregiongen, die mit landschaftlichen Reizen aufwarten, können so ihr grünes Image unterstützen.

Z.B.: **https://mobilstrom-chiemgau.de/**, **https://www.landmobile.de/** usw.. Diesen Verbünden schließen sich sowohl engagierte Privatpersonen an, die ihre Ladestation anderen zur Verfügung stellen, als auch Gasthäuser oder gar Verkehrs- bzw. Tourismusvereine vor Ort. Solche Initiativen finde ich grundsätzlich begrüßenswert und für den elektromobilen Fortschritt enorm wichtig (dass z.Tl. kommerzielle Interessen mit eine Rolle spielen, ist normal und tut dem Ganzen keinen Abbruch).

Da in der Regel aus Kosten- und Know-How-Gründen keine eigene Suchmaschine gepflegt werden kann, melden diese lokalen Verbünde ihre Ladestationen an die großen oder an Bundeslandspezifische Suchmaschinen.

So findet man die genannten Beispiele im **https://ladeatlas.elektromobilitaet-bayern.de/**. Ähnliche, auf Regionen oder Bundesländer spezialisierte Suchmaschinen gibt es nahezu überall (z.B. **https://ruhrmobil-e.de/** usw.).

Googeln Sie doch mal Ladestationen Ihrer Region: Sie werden erstaunt sein, wie umfangreich das regionale Angebot an lokalen Verbänden mit Ladestationen inzwischen ist.

Sie müssen auch für die kleineren Verbände meist keine besondere Ladekarte besorgen. Denn die lokalen Verbände haben erkannt, dass die Akzeptanz umso größer ist, je weniger Sonderlösungen und Hürden aufgebaut werden. Außerdem bieten die großen Roaming-Firmen ja bereits eine komplette Infrastruktur mit gängigen Abrechnungssystemen, so dass man sich nicht mehr selbst darum kümmern muss. Auf diese Weise profitieren alle davon.

Bild 20: Kostenpflichtige Ladestation eines regionalen Ladeverbunds. Laden über New Motion (Shell recharge).

Bild 21: Laden und Bezahlen mit APP, RFID-Schlüsselanhänger, RFID-Karten (inzwischen sogar vom ADAC [über EnBW] und „Fremdgänger" Telekom [GET CHARGE, demnächst von Alpiq übernommen])

3.3.5 Laden und Bezahlen mit üblichen Zahlungsmitteln

Oft fragt man sich, warum man für das Laden an Elektrotankstellen nicht genauso bezahlen kann, wie man es von den Treibstofftankstellen gewohnt ist.

Und überhaupt: warum kann man an den Tankstellen nicht auch Strom tanken?

Darüber wird intensiv spekuliert und es werden mehr oder weniger plausible Begründungen angeführt, die ich hier aber nicht auswalzen und kommentieren will. Nur soviel: Hier trifft ein bekanntes Sprichwort: „Wo ein Wille ist ..."

Dass es prinzipiell geht, zeigen immer mehr Ladestationen, für die keine spezielle Ladekarte erforderlich ist. Denn diese ermöglichen das Bezahlen mit einer normalen Kreditkarte.

Zudem sind diese Ladestationen oft neben Tankstellen an Raststätten platziert (Tank & Rast). Zwar kann man auch hier nicht einfach an der Tankstellenkasse bezahlen, aber immerhin. Die aktuelle Ladesäulenverordnung schreibt für alle neuen Ladestationen an Raststätten mindestens eine der üblichen Kartenzahlungsoptionen vor. Ein Schritt in die richtige Richtung.

Pic. 22: Kostenpflichtige Ladestation an einer Raststätte mit Bezahloption über Kreditkarte

3.4 Elektroautos im Ladedauervergleich

3.4.1 Berechnung der Ladeleistung

Vielleicht haben Sie sich auch schon einmal gefragt, wie die oft krummen Werte bei den Ladeleistungsangaben zustandekommen.

Die Berechnungsbeispiele in der folgenden, blauen Box sollen darüber Aufschluss geben.

Ladeleistung berechnen (AC):

> Spannung (V) x Stromstärke (A) = Leistung in W

Die Ladeleistungen werden in der Regel gerundet in Kilowatt (kW) angegeben (1000 W = 1 kW).

Berechnungsbeispiele einiger typischer Ladeleistungen

Beispiel 1: Standard-Schukosteckdose
(1-phasige Ladung, 230 V/10 A):

230 V x 10 A = 2300 W ≈ **2,3 kW**

Beispiel 2: Standardmäßiges, 1-phasiges Laden
an öffentlichen Ladestationen (Schuko, Stecker Typ 1 oder Typ 2)
(1-phasige Ladung, 230 V/16 A):

230 V x 16 A = 3680 W ≈ **3,7 kW**

Je nachdem, ob auf oder abgerundet wird, werden 3,6 kW oder 3,7 kW angegeben.

Beispiel 3: Maximal mögliches, 1-phasiges Laden
an öffentlichen Ladestationen (Stecker Typ 1 oder Typ 2)
(1-phasige Ladung, 230 V/32 A):

230 V x 32 A = 7360 W ≈ **7,4 kW**

Beispiel 4: Standard-Drehstrom-Hausanschluss (Stecker Typ 2)
(3-phasige Ladung, 400 V/16 A):

230 V x 3 x 16 A = 11040 W ≈ **11 kW**

3.4.2 Berechnung der Ladedauer

Für alle, die die (theoretische) Ladedauer ihres Elektroautos selbst berechnen möchten, hier die Formel:

Ladedauer berechnen (bis 100 % Kapazität) :

$$\frac{\text{Kapazität Batterie in kWh}}{\text{Ladeleistung in kW}} = \text{Ladedauer in h}$$

Beispiel 1: (1-phasige Ladung, 230 V/16 A, 3,7 kW):

$$\frac{22 \text{ kWh}}{3,7 \text{ kW}} = 6 \text{ h}$$

Beispiel 2: (3-phasige Ladung, 3x230 V/32 A, 22 kW):

$$\frac{22 \text{ kWh}}{22 \text{ kW}} = 1 \text{ h}$$ (theoretisch; real wird in 1 h nur 80 % der Nennkapazität von 22 kWh erreicht, da die Ladegeräte dann die Leistung drosseln, um die Batterie zu schonen)

3.4.3 Schnellstmögliche Ladedauer von verschiedenen Elektroautos

Es ist immer wieder erstaunlich, dass z.B. bei Vergleichen in Zeitschriften (darunter auch KFZ-Magazine) die Angabe der Ladedauer überwiegend auf Basis der schlechtestmöglichen Lademöglichkeit angegeben wird: beim Laden an der Schuko-Steckdose mit 230 V. Eine andere Möglichkeit wird oft nicht einmal erwähnt.

Hierdurch wird fälschlicherweise suggeriert, dass dies die Standardladung sei.

Dabei sprechen manche Hersteller in ihren technischen Daten bezogen auf 230-V-Ladung nicht ohne Grund von einer „Notlademöglichkeit". Also einem Ausnahmefall. Die daraus resultierenden Ladezeiten von 10 bis 15 Stunden wirken natürlich auf Elektroauto-Interessenten abschreckend – leider, denn das müsste nicht sein.

Es wäre doch viel sinnvoller, die schnellste Lademöglichkeit der jeweiligen Elektroautos zu vergleichen. Dieses Buch will eigentlich keine Fahrzeugberatung im eigentlichen Sinne sein, aber da die Ladedauer eine zentrale Rolle spielt, möchte ich anhand einer Reihe ausgewählter Elektroautos im unteren bis mittleren Preissegment diesen Vergleich anbieten (beliebteste Modelle ohne Anspruch auf Vollständigkeit, diesmal zum Vergleich ergänzt um einen typischen SUV). Neben der maximalen Ladeleistung, die das Auto ermöglicht, ist auch angegeben, ob die schnellste Lademöglichkeit in der Serienausstattung enthalten ist. Denn das ist leider nicht immer der Fall, aber aus meiner Sicht auf Neudeutsch ein „Must Have".

Die rechnerisch theoretisch mögliche AC-Ladeleistung aus dem vorangegangenen Abschnitt kann nicht automatisch von allen Elektroautos verwertet werden, denn das hängt von der Leistungsfähigkeit des im Fahrzeug verbauten Ladegeräts ab.

So kann z.B. ein Opel Corsa-e AC 3-phasig bis 11 kW laden, während der SUV Jaguar i-Pace an der gleichen Ladestation AC nur 1-phasig mit max. 4,6 kW laden kann, also viel mehr Zeit für die gleiche Kapazität benötigt.

3.4.4 Ein Muss: Schnellademöglichkeit im Auto

Beim besten Willen ist es nicht nachvollziehbar, warum einige Hersteller die Schnellademöglichkeit bzw. das entsprechende Ladegerät nur als aufpreispflichtige Option anbieten.

Das ist so als würde beim Verbrenner die Standard-Tankleitung ganz dünn sein, so dass nur wenig Sprit in den Tank laufen kann und man stundenlang an der Zapfsäule verharren müsste, bis der Tank voll ist. So ein Auto würde doch niemand kaufen.

Aber beim Elektroauto gibt es das. Wenn Sie unterwegs laden wollen, würde es einige Stunden kosten. Obwohl es auch anders ginge (siehe das Diagramm **Bild 23 auf Seite 99** sowie zum Vergleich das Diagramm **Bild 24 auf Seite 100** von 2017).

Daher hier die klare Empfehlung:

TIPP!   **Kaufen Sie ein Elektroauto nur mit der schnellsten Lademöglichkeit, die angeboten wird!**

Auch wenn das einen Aufpreis kostet – kalkulieren Sie den mit ein.

Meist ist hier ein Ladeanschluss für das DC-Laden gemeint, also CCS oder CHAdeMo. Wenn Sie im Auto keine dieser Schnellademöglichkeit haben, dann können Sie auch an einer Ladesäule, die AC bis 22 kW bietet mit Typ 2-Stecker nicht schneller laden, als es das standardmäßig lahme Ladegerät im Auto zulässt.

Das können nur Fahrzeuge, die AC-Schnellladen mit 22 kW ermöglichen, wie z.B. Renault ZOE (serienmäßig) oder der neue Smart EQ (aber aufgepasst: auch wieder nur als Option verfügbar!).

Immerhin bieten viele neue Modelle inzwischen wenigstens die 2-phasige AC-Ladung mit bis zu 7,4 kW oder sogar die 3-phasige AC-Ladung mit bis zu 11 kW Leistung an - eine erfreuliche Entwicklung.

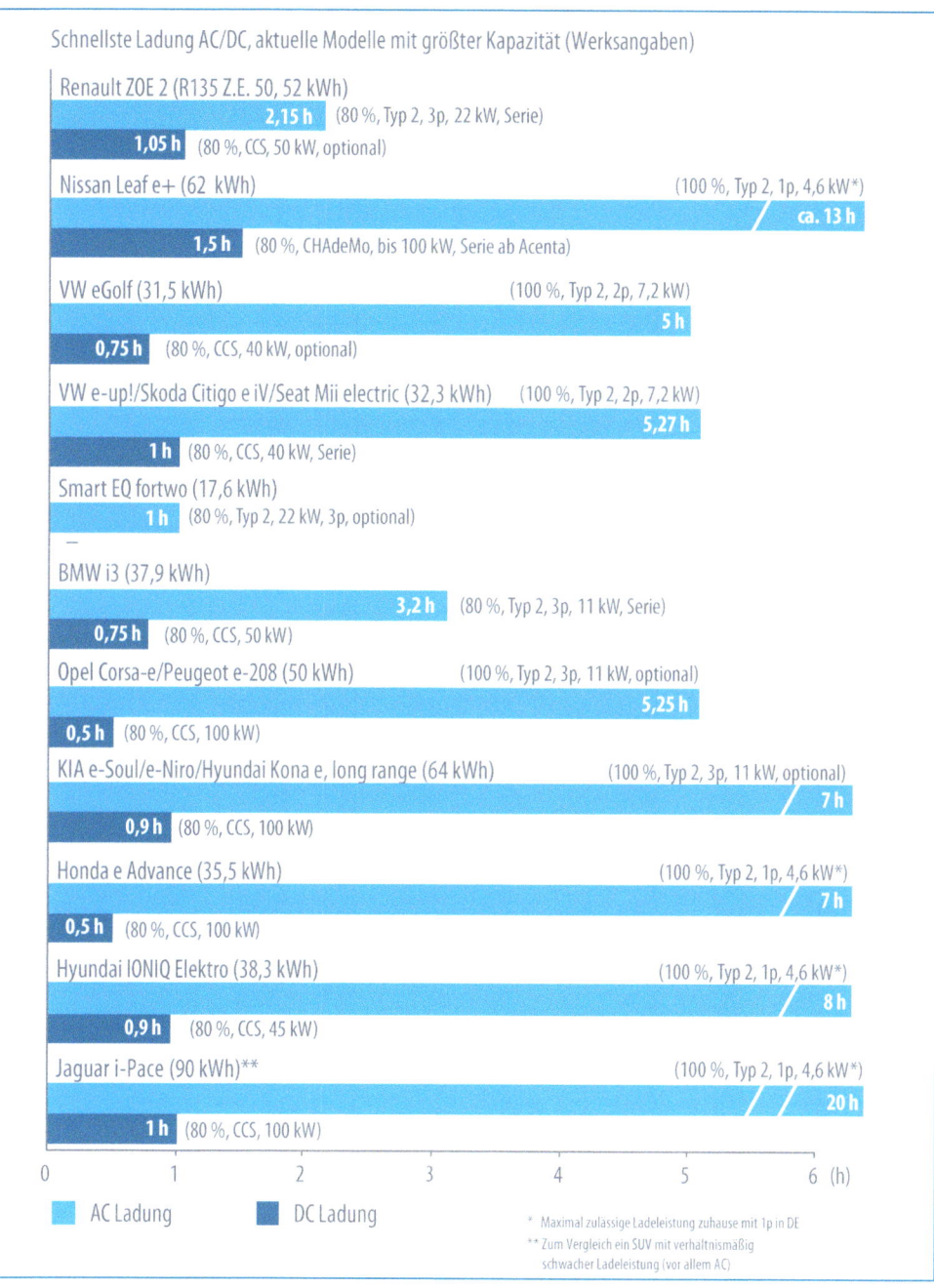

Schnellste Ladung AC/DC, aktuelle Modelle mit größter Kapazität (Werksangaben)

Renault ZOE 2 (R135 Z.E. 50, 52 kWh)
2,15 h (80 %, Typ 2, 3p, 22 kW, Serie)
1,05 h (80 %, CCS, 50 kW, optional)

Nissan Leaf e+ (62 kWh) (100 %, Typ 2, 1p, 4,6 kW*)
ca. 13 h
1,5 h (80 %, CHAdeMo, bis 100 kW, Serie ab Acenta)

VW eGolf (31,5 kWh) (100 %, Typ 2, 2p, 7,2 kW)
5 h
0,75 h (80 %, CCS, 40 kW, optional)

VW e-up!/Skoda Citigo e iV/Seat Mii electric (32,3 kWh) (100 %, Typ 2, 2p, 7,2 kW)
5,27 h
1 h (80 %, CCS, 40 kW, Serie)

Smart EQ fortwo (17,6 kWh)
1 h (80 %, Typ 2, 22 kW, 3p, optional)
–

BMW i3 (37,9 kWh)
3,2 h (80 %, Typ 2, 3p, 11 kW, Serie)
0,75 h (80 %, CCS, 50 kW)

Opel Corsa-e/Peugeot e-208 (50 kWh) (100 %, Typ 2, 3p, 11 kW, optional)
5,25 h
0,5 h (80 %, CCS, 100 kW)

KIA e-Soul/e-Niro/Hyundai Kona e, long range (64 kWh) (100 %, Typ 2, 3p, 11 kW, optional)
7 h
0,9 h (80 %, CCS, 100 kW)

Honda e Advance (35,5 kWh) (100 %, Typ 2, 1p, 4,6 kW*)
7 h
0,5 h (80 %, CCS, 100 kW)

Hyundai IONIQ Elektro (38,3 kWh) (100 %, Typ 2, 1p, 4,6 kW*)
8 h
0,9 h (80 %, CCS, 45 kW)

Jaguar i-Pace (90 kWh)** (100 %, Typ 2, 1p, 4,6 kW*)
20 h
1 h (80 %, CCS, 100 kW)

0   1   2   3   4   5   6 (h)

■ AC Ladung   ■ DC Ladung

* Maximal zulässige Ladeleistung zuhause mit 1p in DE
** Zum Vergleich ein SUV mit verhältnismäßig
schwacher Ladeleistung (vor allem AC)

Bild 23: Schnellstmögliche Ladedauer aktueller Klein- bis Mittelklasse-Elektroautos
(Schnellladen erfolgt mit voller Leistung nur bis 80 % der Nennkapazität, da die
Ladegeräte dann die Leistung drosseln, um den Antriebsakku zu schonen.)

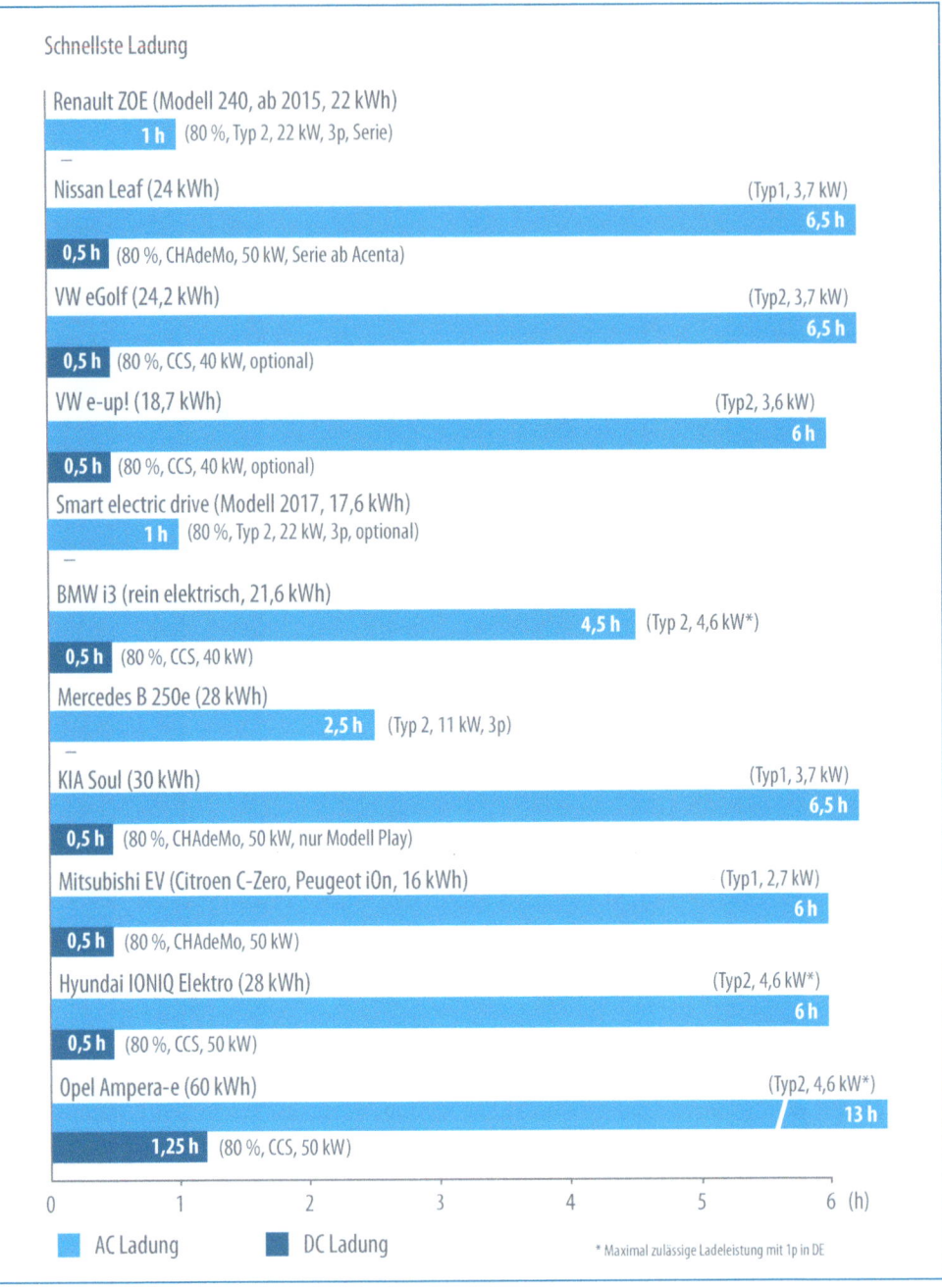

Schnellste Ladung

Renault ZOE (Modell 240, ab 2015, 22 kWh)
1 h (80 %, Typ 2, 22 kW, 3p, Serie)

Nissan Leaf (24 kWh) (Typ1, 3,7 kW)
6,5 h
0,5 h (80 %, CHAdeMo, 50 kW, Serie ab Acenta)

VW eGolf (24,2 kWh) (Typ2, 3,7 kW)
6,5 h
0,5 h (80 %, CCS, 40 kW, optional)

VW e-up! (18,7 kWh) (Typ2, 3,6 kW)
6 h
0,5 h (80 %, CCS, 40 kW, optional)

Smart electric drive (Modell 2017, 17,6 kWh)
1 h (80 %, Typ 2, 22 kW, 3p, optional)

BMW i3 (rein elektrisch, 21,6 kWh)
4,5 h (Typ 2, 4,6 kW*)
0,5 h (80 %, CCS, 40 kW)

Mercedes B 250e (28 kWh)
2,5 h (Typ 2, 11 kW, 3p)

KIA Soul (30 kWh) (Typ1, 3,7 kW)
6,5 h
0,5 h (80 %, CHAdeMo, 50 kW, nur Modell Play)

Mitsubishi EV (Citroen C-Zero, Peugeot iOn, 16 kWh) (Typ1, 2,7 kW)
6 h
0,5 h (80 %, CHAdeMo, 50 kW)

Hyundai IONIQ Elektro (28 kWh) (Typ2, 4,6 kW*)
6 h
0,5 h (80 %, CCS, 50 kW)

Opel Ampera-e (60 kWh) (Typ2, 4,6 kW*)
13 h
1,25 h (80 %, CCS, 50 kW)

0   1   2   3   4   5   6 (h)

■ AC Ladung   ■ DC Ladung   * Maximal zulässige Ladeleistung mit 1p in DE

Bild 24: Schnellstmögliche Ladedauer von Klein- bis Mittelklasse-Elektroautos
(Zum Vergleich hier noch einmal das Diagramm von 2017.)

4   Das Elektroauto in der Praxis

4.1   Der besondere Fahrspaß

Elektroauto fahren macht Spaß. Hier ein paar Punkte, die den besonderen Fahrspaß illustrieren. Aber letztlich muss man es selbst elektrisch erfahren haben ...

4.1.1 Immense Kraftentfaltung

Viele halten die immense Kraftentfaltung ab dem ersten Druck aufs „Strompedal" für die wichtigste Eigenschaft des Elektroautos. Und das ist nicht nur dem Tesla vorbehalten, sondern gilt auch für die meisten Klein- und Kompaktwagen. Es finden sich auf YouTube sogar einige Videos, wo Leute dabei gefilmt werden, wie sie euphorisch reagieren, wenn sie das erste Mal mitfahren und der Fahrer drückt mal richtig drauf.

Und was soll ich sagen: Es ist tatsächlich beeindruckend.

4.1.2 Sanfte Kraftentfaltung

Es ist genauso erstaunlich, wie sanft man das Elektroauto beschleunigen kann. Man kann wirklich ganz langsam anfahren und spürt dabei trotzdem die Kraft. Ich muss zum Beispiel eine ziemlich steile Rampe aus der Tiefgarage hochfahren. Unmittelbar an der Ausfahrt ist auch noch ein Gehweg. Mit einem Verbrenner muss man schon ganz schön aufs Gas treten, um hochzukommen, was einen ordentlichen Krach macht und die Fußgänger dadurch warnt.

Vor dem ersten Ausfahren mit meinem Elektroauto hatte ich da schon Bedenken:

- Komme ich problemlos hoch?
- Bin ich vielleicht zu schnell?
- Hören mich die Fußgänger überhaupt (reicht der Space-Sound aus oder soll ich vorsichtshalber hupen)?

Doch dann die positive Überraschung: noch nie konnte ich so sanft, langsam und problemlos bis an die Garagenausfahrt heranfahren, in aller Ruhe die Lage peilen und dann sicher herausfahren.

Da ruckelt nichts und der Motor stirbt auch nicht ab. Das ist toll.

4.1.3 Ruckelfrei von 0 bis Höchstgeschwindigkeit

Das ist für mich die zweite tolle Fahreigenschaft: die Beschleunigung geht absolut nahtlos vom Anfahren bis zum Höchsttempo. Der Fahrkomfort übertrifft sogar die Verbrenner mit den besten Automatikgetrieben, bei denen man dennoch einen Schalt-Übergang spürt und je nach Gang unterschiedliche Kraft zur Verfügung steht.

Beim Elektroauto habe ich in jedem Geschwindigkeitsbereich genug Kraft, um jede Fahrsituation problemlos bewältigen zu können. Sehr angenehm ist das an Ampeln oder beim Abbiegen. Bei Ampeln kann man flott die Kreuzung überqueren und verlassen, während die Fahrzeuge hinter einem noch mit Anfahren, Schalten usw. beschäftigt sind und die Ampel schon wieder auf Rot springt. Das Abbiegen macht ebenso Freude: kein Runter- und Raufschalten, einfach so langsam und schnell fahren, wie man es braucht. Besonders hilfreich ist diese Eigenschaft, wenn man mal überholen will (auch wenn das seltener wird, siehe energieoptimierte Fahrweise). Oder wenn man mal einer brenzligen Situation schnell entkommen muss.

4.1.4 Flottes Überholen

Sie kennen das sicher auch: manchmal hängt man hinter einem LKW auf der Landstraße, der knapp 70-80 km/h fährt. Um an dem LKW in möglichst kurzer Zeit vorbeizukommen, muss man schon einigermaßen flott fahren können. Man hat aber keinen Boliden, sondern einen ganz normalen Klein- oder Kompaktwagen. Jetzt geht der Stress los: Schaffe ich es? Müsste zum Beschleunigen runterschalten, dann aber vielleicht wieder hochschalten. Brauche schon eine Riesenlücke im Gegenverkehr, damit das gut geht.

Mit einem Elektroauto erhalten Sie genau diese Sicherheitsreserve an Beschleunigungskraft, die Ihnen diese Entscheidung erleichtert. Dass wir uns nicht falsch verstehen: dies ist keine Aufforderung zu riskanter Fahrweise! Wenn es der Gegenverkehr oder die Straßenverhältnisse nicht zulassen, dann bleibt man besser, wo man ist! Wenn Überholen aber eigentlich möglich wäre, dann vermittelt die Beschleunigung ein gutes Gefühl, dass man es sicher schaffen kann.

4.2 Energieoptimierte Fahrweise

Bereits im Kapitel „Persönliche Auswahlkriterien" hatte ich es angeschnitten: das Fahrverhalten wird sich für viele, eher dynamische Fahrer verändern. Vom möglichst schnellen Erreichen eines Ziels zu einem möglichst energieoptimiertem Fahren. Das Interessante und vielleicht auch Überraschende ist, dass dies in den meisten Fällen kaum im Widerspruch steht. Will heißen: mit einer energiesparenden Fahrweise braucht man nicht automatisch auch länger bis ans Ziel. Das gilt vor allem für die überwiegend gefahrenen Strecken um die 20 km durch Stadt und Land mit vielen Ampeln, Ein- und Ausfahrten etc.

Ein Beispiel soll das verdeutlichen:

Nehmen wir eine Strecke von 1 km Landstraße mit einem Hindernis nach 500 m.

Dynamisch gefahren: Schnell anfahren und beschleunigen bis 100 km/h, kurz vor Hindernis stark bremsen, wieder stark beschleunigen, überholen und am Schluss wieder stark bremsen.

Energieoptimiert gefahren: sanft, aber flott anfahren und kontinuierlich bis 100 km/h beschleunigen, mit Motorbremse rechtzeitig vor dem Hindernis langsamer werden, zügig überholen und am Schluss erst über Motorbremse Geschwindigkeit reduzieren und sanft zum Stillstand kommen.

Wer ist schneller am Ziel und was ist der wichtigste Unterschied?

Beide sind gleich schnell. Denn: die Durchschnittsgeschwindigkeit beider Fahrer ist identisch, sie ist nur anders zustande gekommen. Der dynamische Fahrer erzeugt eine sägezahnförmige Geschwindigkeitskurve, einen deutlich höheren Verbrauch und hat zudem ordentlich Stress.

Der Energiesparer fährt quasi wellenförmig, ohne ausgeprägte und schnelle Höhen und Tiefen, verbraucht wesentlich weniger Energie und kommt auch noch entspannter gleichzeitig an.

Das ist nicht zu verwechseln mit „Lahme-Gurke-Fahrweise-die-den-ganzen-Verkehr-aufhält". Es gibt eben noch einen Unterschied zwischen hektisch und zügig.

Vom Tacho zur Energieanzeige

Das Elektroauto unterstützt die zügige aber energieschonende Fahrweise durch verschiedene, neue Anzeigen, die recht schnell und wirksam das eigene Fahrverhalten beeinflussen. Prominent und meist gleichwertig neben der obligatorischen Geschwindigkeitsanzeige stehen nun die Energieverbrauchs- und Reichweitenanzeige. Oft gepaart auch noch mit Fahrdynamikanzeigen, die den aktuellen Fahrstil grafisch und farblich geschickt darstellen und so einem den Spiegel seiner gewohnten Fahrweise vorhalten.

Der Akku mag gemischte Fahrweise

Bei allem Energiesparen ist es aber für die Langlebigkeit und Leistungsfähigkeit des Akkus besser, wenn man auch mal ordentlich Strom gibt. Nur immer im Spar- oder Eco-Modus zu fahren macht den Akku schlapp. Ständig „Vollgas" geben aber auch.

Am besten ist eine gemische Fahrweise aus sparsam und flott. Wer ohnehin eine defensive aber auch flotte Fahrweise pflegt, muss sich eigentlich nicht umgewöhnen.

4.3 Fahren im Winter

4.3.1 Einfach in ein warmes Auto einsteigen

Oft wird behauptet, dass das Elektroauto nichts für den Winter sei. Es würde sich mit dem Heizen schwertun (da kaum Motor-Abwärme) und sehr viel Strom verbrauchen, wenn man es kuschelig warm haben möchte. Ich als bekennender Frierer hatte schon echte Sorgen. Jetzt habe ich mein Auto aber ausgerechnet mitten im Winter bekommen, musste also gleich in die Härteprüfung. Da mein Auto leider keine Sitzheizung bietet – die ich früher hatte und eigentlich nicht mehr missen wollte – habe ich eine heizbare Sitzauflage gekauft, die sich über den immerhin vorhandenen Zigarettenanzünder betreiben lässt.

Standheizung vertreibt die Kälte(angst)

Nahezu alle Elektroautos haben eine besondere Ausstattung, die man beim Verbrenner in der Regel nicht hat: eine Standheizung. Und die ist zudem meist programmierbar oder über das Smartphone zu starten, kurz bevor man zum Auto geht. Das war die Rettung!

Denn, was ich nicht zu hoffen wagte, ist, wie effektiv und gut das Vorheizen funktioniert. Schon die erste Fahrt bei klirrender Kälte (−8° C in der Tiefgarage, da mein Stellplatz direkt neben der Belüftungsöffnung ist) war eine positive Überraschung.
Zehn Minuten bevor es zur Arbeit ging, startete ich das Vorwärmen per App. Dann ging ich in die Garage und stieg ein - in ein kuschelig warmes Auto!

Meine Begeisterung war so groß, dass ich ganz vergaß, meine Sitzauflage anzumachen. War ja auch gar nicht mehr nötig. Da mein Ladekabel noch im Auto eingesteckt war, wurde der Strom fürs Vorheizen aus der Ladestation gezogen und der Antriebsakku geschont.

Vor der Rückfahrt nach Hause habe ich es dann genauso gemacht. Das Vorheizen, nun ohne äußere Stromzufuhr, zog natürlich kräftig am Antriebsakku und kostete einige Kilometer Reichweite. Das war aber kein Problem. Denn da ich täglich nur ca. 30 km zu fahren habe, konnte ich mit einer Ladung fast 3 Tage in einem warmen Auto hin und zurück fahren. Unterwegs hat dann meist die energieschonende Wärmepumpe die angenehme Temperatur aufrechterhalten.

4.3.2 Eisfrei durch den Winter

Doch der Vorteil der Standheizung betrifft nicht allein die Innentemperatur fürs eigene Wohlbefinden. Wenn es draußen friert und die Scheiben sowie Spiegel Eis ansetzen, ist normalerweise Kratzen angesagt. Viele lassen ihre Verbrenner dabei sogar kalt laufen, um ein bisschen vorzuheizen – was übrigens bei Strafe verboten ist. Einerseits wird die Umwelt durch hohe Emissionen besonders verpestet und andererseits tut es dem Verbrennungsmotor nicht gut.

Mit so etwas hat ein Elektroautofahrer keine Probleme mehr. Denn das Vorheizen ist meist auch mit Heizelementen in den Scheiben und Spiegeln verbunden, womit man gleich zwei Fliegen mit einer Klappe schlägt: zum einen ist es schön warm und die Scheiben sowie Spiegel sind weitgehend eisfrei.

4.3.3 Startprobleme adé

Je kälter es im Winter ist, desto häufiger haben viele Verbrenner schon beim Starten Schwierigkeiten. Entweder die Batterie macht schlapp und der Motor springt erst gar nicht an. Bei Dieselfahrzeugen kann es zusätzlich Probleme mit dem Kraftstoff geben.

Das ist mit einem Elektroauto (endlich) vorbei. Man drückt auf den Startknopf und kann mit voller Kraft einfach so losfahren. Das nenne ich moderne Funktionalität. Manchmal frage ich mich, wieso man diese Problematik bisher als gegeben hingenommen hat, wo es doch so viel besser geht.

4.3.4 Reichweite im Winter

Da ich mein Elektroauto in einem harten Winter bekam (Abholung des Autos bei -10° C), war das auch gleich ein guter Härtetest und eine Bewährungsprobe für die Reichweite.

Zudem hatte ich anfangs noch keine eigene Ladestation und war auf öffentliche angewiesen. Im Winter zeigte sich auch am besten, wie wichtig die eigene Ladestation in der TG/Garage ist.

Denn die Reichweitenanzeige kam bei voller Ladung bis knapp unter 100 km. Bei einer NEFZ-Angabe von 240 km (die man ja ohnehin getrost vergessen kann - siehe **„2.1.1 Die Frage aller Fragen: Reicht mir die Reichweite?" auf Seite 16**) und einer als realistisch angegebenen Reichweite von ca. 160 km ist das zunächst ernüchternd. Der Durchschnittsverbrauch soll ungefähr bei 14 kWh/100 km liegen.

Nach der ersten Winterfahrt zeigte die Verbrauchsanzeige aber 21 kWh/100 km. Also das ist schon ein enormer Unterschied, den man erstmal verdauen muss.

Da mein Arbeitsweg aber bei ca. 30 km liegt, ist das eigentlich noch akzeptabel.

Nun hatte ich aber gleich am Anfang einen Termin in einer Nachbarstadt und kam dann insgesamt auf 95 km bis zurück nach Hause. 5 km Restreichweite bieten kein beruhigendes Gefühl und am nächsten Tag wäre ich dann auch nicht zur Arbeit gekommen. Also musste abends eine Ladung her. Zum Glück hatte ich in der Wartezeit auf das Auto bereits alle Lademöglichkeiten in der Umgebung ausgekundschaftet und alle nötigen RFID-Zugangskarten bereits in der Brieftasche.

Hier auch nochmal meine ausdrückliche Empfehlung: kümmern Sie sich um alle Infos und Zugänge zu Ladestationen *bevor* Sie ihr Elektroauto bekommen.

TIPP*!*

So konnte ich unterwegs an einer Ladestation sogar kostenlos laden. Allerdings bedeutete dies auch eine Wartezeit von ca. zwei Stunden, was vergleichsweise schnell ist, da die Ladestation 22 kW AC Nennleistung bot und mein Auto auch ein entsprechendes Ladegerät eingebaut hat. Doch wie soll man zwei Stunden in Eiseskälte um 20:30 Uhr überbrücken? So landete ich für die „Ladeweile" in einem indischen Restaurant und wärmte mich derweil bei einem kleinen Snack und mit einem Cai (indischer Gewürztee) auf ...

Spätestens jetzt wurde mir bewusst, wie wichtig es war, dass ich meine Ladestation bereits bestellt hatte und der Installationstermin nicht mehr weit war. Das hat meine Meinung zusätzlich gestärkt: ein Elektroauto und eine eigene Ladestation gehören essenziell zusammen.

Und auch die zweite Empfehlung liegt im Winterbetrieb begründet: solange Sie regelmäßig pro Tag unter 100 km fahren, ist man mit den meisten Elektroautos gut versorgt. Sollten Sie aber regelmäßig längere Strecken fahren, schauen Sie nach Elektroautos mit

Reichweiten nach WLTP ab 350 km (also real ca. 300 km). Die gibt es bezahlbar auch schon und es werden mehr.

Dank meiner Ladestation reichte mir mein „NEFZ 240er" aber locker. Denn so kann ich sehr präzise das Ladeintervall auf die zu erwartende Entfernung abstimmen.

Wenn ich weiß, dass ich am nächsten Tag wieder eine längere Strecke vor mir habe, dann lade ich mein Auto einfach über Nacht und die Ladeweile vergeht praktisch im Schlaf.

Am nächsten Morgen bietet das Auto wieder 100 % Reichweite.

Inzwischen ist es etwas wärmer geworden (ca. 5° C) und siehe da, 100 % bedeuten nun laut Anzeige schon ca. 120 km Reichweite! Über den Daumen gepeilt kann man sagen, dass 1 °C ungefähr 2 km Reichweite kostet.

Meine anfängliche Skepsis, ob das eine gute Idee sein kann, mit einem Elektroauto ausgerechnet im Winter zu beginnen, erwies sich nun als goldrichtig: denn mit jedem Zuwachs an temperatur-bedingter Reichweite steigt die Freude am elektrischen Fahren.

4.3.5 Laden im Winter

Aufgrund des höheren Verbrauchs bei kalter Witterung, verkürzen sich entsprechend auch die Ladeintervalle. Zudem verlängert sich das Laden bei Kälte auch: braucht das Auto zum Volladen bei 20° C eine Stunde, so kann sich die Ladedauer bei Minusgraden verdoppeln, also gut 2 Stunden dauern. Das wird vom Antriebs-akku-Management so gesteuert, um ihn möglichst effektiv und schonend zu laden.

Wenn Sie also bei unter 0° C unterwegs öffentlich laden müssen, sollten Sie entsprechend mehr Zeit für die Ladeweile einplanen.

4.4 Fahren im Sommer

Man könnte sagen, dass sich das Elektroauto in den Sommer-monaten am wohlsten fühlt. Doch auch im Sommer können die Temperaturen enorm schwanken.

4.4.1 Reichweite im Sommer

Die Lieblingstemperatur des Elektroautos liegt zwischen 20° und 24° C. In diesem Bereich liegt die optimale Betriebstemperatur und somit Leistungsfähigkeit des Antriebsakkus. Zudem braucht man in diesem Bereich auch am wenigsten die Heizung oder Klimaanlage. Nicht umsonst werden die Verbrauchs- und Reichweitenmessungen in diesem Temperaturbereich vorgenommen. Wenn man also mal ausprobieren möchte, wie viel Reichweite sein Elektroauto maximal hat, sollte man den Test idealerweise bei ca. 22° C machen. Natürlich muss man dabei aber auch die Fahrweise, Geschwindigkeit etc. berücksichtigen.

Sobald aber die Temperatur über 25° C steigt und die Klimaautomatik kühlend aktiv wird, geht die Reichweite wieder nach unten. Damit der Antriebsakku keine thermischen Probleme bekommt, wird auch dieser oft zusätzlich gekühlt, was natürlich Energie kostet. Doch auch unter 20° C sinken wieder die Leistungswerte. Die anfangs aufgestellte Behauptung, der Sommer wäre für das Elektroauto am besten, muss demnach relativiert werden.

Ich würde sagen: das Elektroauto mag das Fahren und Laden am liebsten bei ca. 22° C, egal zu welcher Jahreszeit.

Da diese Idealtemperatur im Sommer am häufigsten erreicht wird, macht das Fahren nun am meisten Spaß (war mit Verbrennern ja auch nicht viel anders).

4.4.2 Laden im Sommer

Im optimalen Temperaturbereich kann der Antriebsakku nicht nur die beste Leistung abgeben sondern auch die maximale Ladeleistung entgegennehmen. Auf diese Weise verkürzt sich die Ladedauer enorm und nun lassen sich auch die Ladezeiten gemäß den Angaben im Verkaufsprospekt erreichen.

Auch die Ladeintervalle dehnen sich deutlich aus. Es kann sein, dass man nur noch 1 bis 2 mal die Woche laden muss, statt jeden zweiten Tag wie im Winter.

Wenn man einen längeren Ausflug plant, der über die eigentliche Reichweite hinausgeht, dann ist es unter diesen Bedingungen am einfachsten und entspanntesten.

Einerseits braucht man vielleicht erst nach 3/4 der Reichweite die nächste Ladestation aufsuchen und dann macht es zusätzlich schon einen Unterschied, ob die Ladeweile nur 1 Stunde oder 2 Stunden beträgt. Kaum ist der Kaffee getrunken und eine Kleinigkeit geshoppt oder die Beine vertreten, ist eine Stunde schon rum und es kann weiter gehen.

Vorausgesetzt, das Elektroauto hat ein Schnellladegerät und man hat eine passende Schnellladestation in die Reise eingeplant.

4.5 Ausflug fast bis zur Reichweite

Wenn ein Ausflug bis an die Grenze der realistisch maximalen Reichweite geplant ist, sollte man vorher einige Sachen abklären:

Schaffe ich die Strecke ohne nachzuladen? Berücksichtigen Sie den Streckenverlauf (Autobahn, Berge, Wind), Anzahl Personen, Gepäck usw. . Planen Sie sicherheitshalber einen kleinen Puffer ein, um das Ziel problemlos auch bei veränderten Bedingungen zu erreichen. Da Sie ja schon wissen, dass Sie zwar das Ziel erreichen werden, aber ohne nachzuladen nicht mehr wieder nach Hause kommen, sollten Sie sich vor der Reise alle kompatiblen Ladestationen am Ziel heraussuchen.

4.6 Ausflug etwas weiter als die Reichweite

Bei einem Ausflug, der die maximale Reichweite etwas übersteigt, muss für man für die Reststrecke nachladen. Beispiel: Reichweite ist 150 km, Ziel liegt in 200 km Entfernung. Für mindestens 50 km muss man nachladen. Besser und stressfreier ist es, wenn man einen Ladehalt mit Puffer einplant. Zum Beispiel bei 120 km. Die 30 km Differenz machen den Ladehalt nicht mehr viel länger. Wie lange man auf das Laden warten muss, hängt ab von der verfügbaren Leistung der Ladestation und dem eingebauten Ladegerät. Am besten man plant so, dass die leistungsfähigste Ladestation in einem Bereich von 100 bis 130 km Entfernung angefahren wird. Es ist besser, man lädt schon nach 100 km schnell, als nach 130 km langsam.

Beispielrechnung:

- ✎ Laden nach 100 km an 22 kW AC: Nötige Restreichweite mit Puffer = 120 km,
  Ladedauer und Ladeweile ca. 45 Minuten

- ✎ Laden nach 130 km an Schuko, 3,7 kW AC: Restreichweite mit Puffer = 90 km,
  Ladedauer und Ladeweile ca. 3 Stunden

Trotz des näheren Ziels vor Augen müsste man also mehr als 3 mal so lange warten, bis die Fahrt weiter geht. Dagegen sind 45 Minuten schnell um, wenn man einen kleinen Spaziergang macht, einen Kaffee trinken geht oder sich anders die Ladeweile vertreibt.

Gute Planung ist der Schlüssel für ein angenehmes und zufriedenes Elektroautofahrerdasein.

In diesem Zusammenhang nicht vergessen: am Ziel sollte man vollladen und auch für den Rückweg gilt das oben Gesagte.

4.7 Weitere Reise (650 km +)

Das kann man machen. Muss aber nicht. Ich finde, es ist nicht nötig, sich selbst und anderen beweisen zu müssen, dass man auch mit einem Elektroauto eine lange Strecke bewältigen kann. Soweit meine Ausführungen 2017.

Heute würde ich schreiben: Das kann man machen. Muss nicht, geht aber! Nachdem – wie bereits erwähnt – die Reichweite vieler neuer Fahrzeuge stark gewachsen ist, kann man sich ruhig mal trauen.

So habe auch ich mich erstmalig mit dem neuen Auto (WLTP-Reichweite ca. 390 km) getraut und in diesem Juni eine Reise mit 3 Teilstücken gemacht (waren 3 Reiseziele):

1. ca. 610 km
2. ca. 300 km
3. ca. 650 km
Zusammen mit Fahrten vor Ort also rund 1600 km.

Die Reise habe ich bereits früher mal mit dem damaligen Verbrenner gemacht, so dass ich einen guten Vergleich habe.

Als erstes wurde die Reiseroute geplant. Besonderes Augenmerk hierbei: wann und wo sind Ladestopps nötig und möglich. Ausgewählt habe ich ausschließlich Ladestationen mit CCS (DC-Laden).

Wenn man die WLTP-Reichweite zugrunde legt, könnte man ja mit einem Ladestopp für die langen Strecken hinkommen. Aber: da die Fahrt überwiegend auf Autobahnen stattfindet, sollte man die Erwartung auf die Reichweite heruntersetzen. Realistisch sind statt 390 eher 300 bis 330 km.

Was toll ist: fast jede Autobahnraststätte hat heute mindestens eine Ladestation. Verbesserungswürdig: leider ist die Lademöglichkeit auf den Autobahnschildern oft noch nicht angezeigt, so dass man sich auf die Angaben in den Stationsfinde-Apps verlassen muss. Außerdem liegen die Abstände der Raststätten bei 30 bis 50 km. Sicherheitshalber sollte man einen ausreichenden Puffer an Reichweite einplanen.

Daher habe ich zwei Ladestopps nach ca. 200 – 230 km auf den langen Strecken eingeplant. Das hat sich auch bewährt. So konnten wir mit je zwei gemütlichen Ladepausen, kleinen Spaziergängen und Pausenbrot viel erholter unsere Ziele erreichen. Dazu beigetragen hat auch unser selbst bestimmtes Tempolimit von 120 km/h. Zu unserer Überraschung haben wir inklusive der Ladepausen lediglich 1,5 Stunden länger gebraucht als früher mit dem Verbrenner bei oft flotterer Fahrweise. Das Mehr an Zeit hat sich aber durch weit weniger Erschöpfung am Ziel und mehr möglicher Aktivität nach Ankunft bezahlt gemacht.

Ganz nebenbei konnten wir uns auch noch über die vergleichsweise geringen Energiekosten freuen: die 1600 km kosteten unterwegs ca. 65,- €. Mit unserem früheren Auto, das auf der Autobahn 7 l/100 verbrauchte und bei einem Dieselpreis von 1,20 € hätte es gut 134,- € gekostet. Somit haben wir uns obendrein fast genau die Hälfte gespart.

4.8 Fazit

Auch heute bin ich mehr denn je von der Elektromobilität überzeugt. Ich bereue bisher keinen Tag mit meinem Elektroauto. Ich kann mir absolut nicht mehr vorstellen, wieder einen Verbrenner zu besitzen und zu fahren. Der Gebrauchswert des Elektroautos ist überragend. Und der Fahrspaß ist es auch.

Ich kann nur allen empfehlen, es selbst auszuprobieren. Machen Sie eine Probefahrt. Oder noch besser: leihen oder mieten Sie sich ein Elektroauto, und zwar am besten eines, das Ihrem Nutzerprofil nahekommt, Ihnen gefällt und somit theoretisch in Frage kommen könnte.

Dann können Sie am besten vergleichen und elektrisch erfahren, ob es Ihnen gefällt. Und ich bin sicher: das wird es.

5 Anhang, Infos

Vorbemerkung: Natürlich kann diese Auflistung aufgrund der unüberschaubaren Vielzahl von Infos vor allem im Internet nur unvollständig sein. Da aber genau dieses Problem alle haben, die „mal eben etwas googeln" wollen, möchte ich hier dennoch einige, aus meiner Sicht hilfreiche Seiten vorschlagen.

Für mobile Endgeräte ist jeder klassische Link mit einem QR-Code ergänzt.

5.1 Allgemeine Informationen im Internet

Sehr umfangreiches Internetangebot mit vielen grundlegenden Informationen, dem größten deutschsprachigen Blog zur Elektromobilität und vor allem erste Adresse zur Planung von Reisen mit dem Elektroauto:
https://www.goingelectric.de/

Elektroauto- & E-Mobilitäts-Magazin mit Modell-Finder & Kaufberatung:
https://ecomento.tv/

Elektroauto- & E-Mobilitäts-Website mit detaillierten Fahrzeuginfos, Kostenrechner und Ladestation-Suchmaschine:
https://www.e-stations.de/

Gute Grundlageninformationen und Anbieter in DE für „Juice"-Produkte:
https://www.e-driver.net/know-how/gut-zu-wissen/

Tolle Entscheidungshilfe für die Auswahl aktueller Elektroautos mit Betriebskostenvergleich auch zu Verbrennern (Excel-Tabelle).

Vorstellung und Erläuterung auf youtube „Elektroauto Kaufbera-tung - Kosten, Marktüberblick, Vergleich zu Benzin/Diesel", wo auch der Download-Link zur Excel-Tabelle ist:
https://www.youtube.com/watch?v=Cola2rU3S_U

Der o.g. Beitrag ist zu finden auf dem sehr informativen Youtube-Kanal „Robin TV Blau • Elektromobilität":
https://www.youtube.com/channel/UCBc0Mghy-6jhMX-s3T7DluMg

Ein weiterer guter Youtube-Kanal ist „We Drive - Der Blog für Elektromobilität " von Stefan Kopeinig, dem „bunten Hund der Elektromobilitätsszene" (Zeitschrift elektroautomobil, in der er auch eine regelmäßige Kolumne hat):
https://www.youtube.com/channel/UC7uzeZzsjUvhpjX1cN-4L5ig

Ebenfalls empfehlenswert: Youtube-Kanal „163 Grad - Oliver Krü-ger" mit vielen intensiven und seriösen E-Fahrzeugtests:
https://www.youtube.com/channel/UCbe4BpM5-Ta7Mllb-KOofTDA

5.2 Links zu Anbietern von Ladestationen

5.2.1 Ladestationen (Wallbox) für die Garage daheim

Händler (Auswahl):

Umfangreiches Angebot mit vielen Zusatzinformationen.

Download von Musterschreiben zum Beantragen von Ladestationen für Mieter und Miteigentümer.
https://mobilityhouse.com/de/

Umfangreiches Angebot. Händler von Ladestationen des spanischen Herstellers wallbox.
http://esl-shop.de/

Hersteller (Auswahl):

www.keba.com/de/emobility/elektromobilitaet

www.abl.de

https://www.wallbox.com/de/

MENNEKES Elektrotechnik GmbH & Co. KG
https://www.chargeupyourday.de/

5.2.2 Mobile Ladestationen

http://www.nrgkick.com/?lang=de

http://www.juice-technology.com/

5.3 Links zu Roaming-Anbietern von öffentlicher Ladeinfrastruktur

Einrichten eines Kontos nötig. Laden über APP oder RFID-Karte:
https://newmotion.com/de_DE

Einrichten eines Kontos nötig. Laden über APP, RFID-Karte oder Chip:
https://www.plugsurfing.com/de/

Einrichten eines Kontos nötig. Laden über APP oder RFID-Karte (hier Beispiel für Renault):
https://www.bosch-si.com/de/charging-z-e-pass/charging-app-z-e-pass/z-e-pass.html

Einrichten eines Kontos nicht nötig (Bei Ladesäulen mit „Intercharge direct"-Option). Laden über Smartphone (QR-Code scannen), APP oder RFID-Karte:
http://www.intercharge.eu/index.php?id=12

5.4 Links zu Fördermaßnahmen und Infos der Regierung

5.4.1 Kaufprämie fürs Elektroauto (Umweltbonus)

www.bafa.de/DE/Energie/Energieeffizienz/Elektromobilitaet/
elektromobilitaet_node.html

5.4.2 Antrag für Förderung Ladeinfrastruktur

https://www.bav.bund.de/DE/3_Aufgaben/6_Foerderung_
Ladeinfrastruktur/Foerderung_Ladeinfrastruktur_node.html

5.5 Links zu Verbänden, Organisationen und periodischen Veranstaltungen

5.5.1 Bundesverband eMobilität e.V. (BEM)

„Der Bundesverband eMobilität setzt sich dafür ein, die Mobilität in Deutschland mit dem Einsatz Erneuerbarer Energien auf Elektromobilität umzustellen, sowie Leitmarkt und Leitanbieter auf diesem Gebiet zu werden."
www.bem-ev.de

5.5.2 eRUDA - ElektroMOBILität Event + Elektroauto Rallye (bis 2019)

Bis 2019 „Größte eMOBILitäts Veranstaltung Deutschlands und um den Ammersee."

Mit dem Motto „7 Jahre eRUDA gehen zu Ende - denn die eMOBILität wird erwachsen!" wurde dieses Event beendet. (Für alle, die in Erinnerungen schwelgen wollen oder die es interessiert, welch tollen Einsatz es gab, um die Elektromobilität anzustoßen habe ich den Link hier noch drin gelassen.)
www.eruda.de

5.6 Links zu Publikationen

5.6.1 Fachzeitschriften für Elektromobilität

Erstes deutschsprachiges Magazin zum Thema Elektromobilität.
www.elektroautomobil.com/

Deutschsprachiges Magazin zum Thema Elektromobilität, mit einem Schwerpunkt auf Infrastruktur und Flotten sowie Kolumne des BEM.
www.vision-mobility.de/

Neues deutschsprachiges Magazin zum Thema Elektromobilität.
www.cda-verlag.com/magazine/electricar.html/